農学・バイオ系
英語論文ライティング

池上 正人 編著

腰岡 政二　関 泰一郎
野口　章　佐伯 真魚
高橋 令二　浅野 早苗
荻原　淳　間野 伸宏 著

朝倉書店

編著者

池上正人　東北大学名誉教授

執筆者

腰岡政二　日本大学　生物資源科学部

野口　章　日本大学　生物資源科学部

高橋令二　日本大学　生物資源科学部

荻原　淳　日本大学　生物資源科学部

関　泰一郎　日本大学　生物資源科学部

佐伯真魚　日本大学　生物資源科学部

浅野早苗　日本大学　生物資源科学部

間野伸宏　日本大学　生物資源科学部

まえがき

　本書は，農学・バイオ系分野で研究を行っている大学院生や若手研究者が，初めて英語で科学論文を作成しようとする際のガイダンスとなることを目指して上梓された．

　私は，オーストラリアのアデレイド大学の博士課程に在籍してPh.D.を取得し，その後，カリフォルニア大学バークレー校，イリノイ大学で博士研究員時代を過ごした．研究の世界においては，欧米の研究者と互角に渡り合うためには英語が欠かせないことは言うまでもない．さらに研究成果を国際的な雑誌に素早く発表することは極めて重要なことである．海外の一流と言われる研究者の論文を書く速さには驚かされる．2, 3日で1つの論文を書き上げるのである．しかし，われわれにとっては，英語で論文を仕上げるのは容易ではない．英語論文を書くことは難しく，時間がかかるものである．書いたとしてもそれが果たして正確な表現か確信できない不安，自分の考えをうまく表現できているのかどうかの不安が常に付きまとう．原稿が完成したら，投稿前に，ぜひ英文校閲を受けていただきたい．直された部分を改訂していくだけで，相当の勉強になる．

　科学英語論文で求められるのはあいまいさのない明快な文章である．明快な文章とはどのような文章か．簡単に説明すると，(1)短い文で文章を構成すること，(2)表現が，他の意味にとられる心配のない文章であること，(3)はっきり言えることはズバリと言い切り，ぼかした表現はさけることである．

　科学英語論文では，明快な文章で，その研究を計画した背景を説明して研究の意義を示し(Introduction)，得られた結果を客観的に説明し(Results)，それらの実験結果を有機的に結びつけて論文全体の結論を導いた上で，自分のこれまでの実験結果や他の研究者の結果と対比させながら，議論・考察する(Discussion)．著者はIntroductionとDiscussionで自分の研究の意義を強調し

なければならない．これまでの経験から，われわれ日本人にとってはDiscussionの項目を書くのが一番難しい．すなわち，Discussionにおける一貫した論理の構築が難しいのである．それではどのようにすれば論理的思考力が身に付くのであろうか．それはすぐれた論文をじっくり数多く読んで論理の展開を学ぶことである．

　本書の特徴は，第1章～第3章では植物病理学分野の英語論文を引用しながら論文の書き方の基本ルールについて解説し，第4章～第9章では作物・園芸学分野，土壌・肥料学分野，微生物学分野，食品・栄養生理学分野，畜産学分野，水産学分野のいずれかを専門とする先生方に，ご自分で執筆された英語論文を例としながら論文の書き方について解説していただいたことである．これから英語論文を書こうとしている若い人たち，英語論文の作成過程でいろいろと悩んでいる方々の指針になればと願っている．若い時から論理的思考と英語表現を磨いて，欧米の研究者と互角に渡り合う研究者を目指していただきたい．

　なお，本書の出版に当たっては，朝倉書店編集部の皆様に多大なる尽力をいただいた．ここに謝意を表したいと思う．

2014年12月

池上　正人

目　　次

第1章　科学論文とは ……………………………………［池上正人］…1
　1.1　学術雑誌　／1.2　科学論文の種類　／1.3　科学論文の構成　／1.4　レフェリー制度　／1.5　インパクトファクター　／1.6　引用する学術論文

第2章　修　辞　法 ………………………………………［池上正人］…10
　2.1　主語　／2.2　時制　／2.3　冠詞　／2.4　複数形　／2.5　関係詞　／2.6　接続詞

第3章　英語論文の書き方 ………………………………［池上正人］…24
　3.1　Title　／3.2　Authors' names, Institution, Address　／3.3　Abstract　／3.4　Introduction　／3.5　Materials and Methods　／3.6　Results　／3.7　Discussion　／3.8　Acknowledgements　／3.9　References　／3.10　Figure, Table

第4章　作物・園芸学分野における科学論文ライティングの実際
　　　　　………………………………………………………［腰岡政二］…84
　4.1　Abstract　／4.2　Introduction　／4.3　Materials and Methods　／4.4　Results　／4.5　Discussion　／4.6　補足　／4.7　主要ジャーナル

第5章　土壌・肥料学分野における科学論文ライティングの実際
　　　　　………………………………………………………［野口　章］…97
　5.1　Abstract　／5.2　Introduction　／5.3　Materials and Methods　／5.4　Results　／5.5　Discussion　／5.6　主要ジャーナル

第6章　微生物学分野における科学論文ライティングの実際 …………… 107
Ⅰ　細菌学分野……………………………………………［高 橋 令 二］… 107
6.1　Abstract　／6.2　Introduction　／6.3　Materials and Methods　／6.4　Results and Discussion　／6.5　補足　／6.6　主要ジャーナル

Ⅱ　菌学分野………………………………………………［荻 原　　淳］… 118
6.7　Abstract　／6.8　Introduction　／6.9　Materials and Methods　／6.10　Results　／6.11　Discussion　／6.12　主要ジャーナル

第7章　食品・栄養生理化学分野における科学論文ライティングの実際
……………………………………………………［関　泰一郎］… 134
7.1　Abstract　／7.2　Introduction　／7.3　Materials and Methods　／7.4　Results　／7.5　Discussion　／7.6　Acknowledgements　／7.7　主要ジャーナル

第8章　畜産学分野における科学論文ライティングの実際
………………………………………［佐伯真魚・浅野早苗］… 147
8.1　Abstract　／8.2　Introduction　／8.3　Materials and Methods　／8.4　Results and Discussion　／8.5　主要ジャーナル

第9章　水産学分野における科学論文ライティングの実際
………………………………………………………［間 野 伸 宏］… 161
9.1　Abstract　／9.2　Introduction　／9.3　Materials and Methods　／9.4　Results　／9.5　Discussion　／9.6　補足　／9.7　主要ジャーナル

第10章　論文の投稿 ……………………………………［池 上 正 人］… 175
10.1　投稿の準備　／10.2　電子投稿

演習問題……………………………………………………［池 上 正 人］… 184

重要表現集……………………………………………………………… 191

［演習問題の解答が朝倉書店公式ウェブサイト（http://www.asakura.co.jp）の本書サポートページからダウンロードできます．］

第1章
科学論文とは

1.1 学術雑誌

　学術雑誌（scientific journal）には，学会が出版する学会誌と大手出版社の商業誌の2種類がある．学会誌の場合は，その学会員が投稿した論文を「査読（peer review）」という形で審査し，受理（アクセプト，accept）した論文のみを掲載する．商業誌は欧米で多く見られ，世界中から投稿される論文を，学会誌の場合と同じように査読→受理という流れで掲載する．一般的に商業誌は論文内容の水準が高い．本書で主に引用する *Virology* は商業誌で，オランダのElsevier社から出版されている．各大学や研究機関から定期的に刊行される大学紀要や研究機関報告書も学術雑誌に分類されるが，厳密なレフェリー（査読者のこと，referee）制度をとっているものは少なく，レフェリー・ジャーナル（レフェリー制度のある雑誌）からは外れる場合が多い．

1.2 科学論文の種類

　研究は，発表してはじめて完結する．発表方法には学術雑誌での発表と学会での口頭発表があるが，広く研究成果を公表するためにも，最終的には科学論文としてまとめて学術雑誌に発表したい．
　科学論文は，下記のように大きく3種類に分類される．
　①原著論文（original scientific papers, original articles, original papers）
　②短報（short communications, brief reports）
　③総説（review articles, review papers）

①原著論文： 原著論文は，まだ誰も発表していない，新規性のある（＝オリジナルな）研究を記述しているものでなければならない．ふつう，表題，要旨，緒論，材料および方法，結果，考察，謝辞，引用文献といった構成からなる（詳細は後述）が，記載スタイルについては各学術雑誌によって異なる．

なお，一度でも印刷公表された論文と同内容のものを，ほかの学術雑誌に投稿することは禁止されている．同様に，同じ内容の論文を同時に2つの学術雑誌に投稿することも許されない．日本語で発表した論文を英語に書き直して，別の雑誌に発表することも許されない．

②短報： 短くまとめた原著論文を短報という．一般的に印刷面6ページ以内にまとめられており，要旨（通常100字以内），本文，謝辞，引用文献すべてを含む．雑誌によっては要旨を必要としないものもある．本文の内容は各セクション（緒言，材料および方法，結果，考察）に分かれておらず，1つの連続した文章となっている．原著論文より格下に考えられることもあり，原著論文として投稿しても，短報へと書き直すよう指示されることもある．

短報のうち，速報（rapid communications）は特に急いで発表する価値のある研究内容をまとめたものである．また，トップジャーナルである *Science* や *Nature* には，編集者への手紙形式で書かれる，レター（letter）やコミュニケーション（communication）などがある．短報についても，原著論文と同じように二重投稿は許されない．

③総説： 総説は，特定の主題についてすでに発表された論文を集めて解説したものである．ほかの研究者のデータを比較しながらまとめる技術と知識が要求されるため，ベテランの研究者が書くことが多い．構成は，要旨，緒論，研究の現状，今後の課題，結論・まとめ，引用文献からなる．引用文献は網羅的でなければならないので，原著論文の引用文献に比べると数が多くなる．通常，学会や雑誌編集部などから依頼されて執筆することが多いが，短い総説（minireviews, brief reviews）を受理する学術雑誌もある．

―――― コラム1　科学の世界の標準語は英語 ――――

世界で重要な言語は2種類に分類される．1つは，科学や文化の水準が高く，学ぶ内容が豊富にある言語である．英語，ドイツ語，フランス語，日本語などがこれに相当する．これに対してもう一方の，中国語，スペイン語，ポルトガル語

などは，話者人口が多く，かつ使われている国のほとんどは新興国や発展途上国で，今後の経済発展やさらなる科学・文化的成熟が期待されているために重要な言語とされている．

　科学の世界では，歴史的な科学論文の多くはドイツ語，フランス語で発表されている．しかし，ドイツやフランスが第2次世界大戦で大きな打撃を受けたため，科学の世界の共通語の座から滑り落ち，その後は英語が共通語となっている．何が重要な言語であるかは，時代とともに変わっているのである．

1.3　科学論文の構成

1.3.1　原著論文

原著論文は，次のような構成からなる．

　a.　title（表題）

研究結果から得られた主要な結論を記述した短い名詞句（もしくは平叙文）で，最も短い抄録ともいえる．

　b.　authors' names（著者名），institution（所属機関），address（住所）

研究を担当した著者の名前と所属機関，住所を記す．

　c.　Abstract（アブストラクト，要旨）

論文の冒頭にある論文内容の抄録．いわば論文の縮小版で1つのパラグラフからなり，実験目的，結果と結論をまとめる．

　d.　本文（text）

Introduction（緒論，はしがき，序論），Materials and Methods（材料および方法），Results（結果），Discussion（考察），Acknowledgements（謝辞），References（引用文献）からなる．ResultsとDiscussionを"Results and Discussion"とまとめることもできるが，投稿する雑誌の規程に従うこと．

　①Introduction：　論文の研究内容と直接的に関係する，今までの自分の研究あるいはほかの研究者の研究を展望し，なぜこういう研究を行うに至ったかを記載する．末尾には論文の目的を記載することが多い．

　②Materials and Methods：　使用した材料や実験方法について記す．

　③Results：　実験結果について，客観的に記述する．なお，実験結果は通

常複数出るはずなので，Results というように複数形で表す．

④Discussion： 得られた実験結果から導かれる論文全体の結論や，個々の結果を，自分のこれまでの実験結果やほかの研究者の結果と対比させながら，議論・考察する．その論文が今後の研究でどのような意味を持つかを説明するのもよい．なお議論も通常複数回行うが，慣例上，Discussion と単数形で表す．

⑤Acknowledgements： 論文を作成するにあたって協力してくれた人，実験を行うにあたって協力してくれた人などへ謝辞を述べる．研究費・奨学金などを受けた場合は，それについても言及する．

⑥References： 本文中に引用した文献をすべて挙げる．形式は雑誌によって異なるので，よく投稿規程を確認する．

1.3.2 短　報

　短報の構成は，原著論文と同様に title, authors' names, institution, address, Abstract, Introduction, Materials and Methods, Results, Discussion, Acknowledgements, References からなるが，個別の見出しは付けず，はじめに Introduction のパラグラフ，次に Materials and Methods のパラグラフ，最後に Results のパラグラフと Discussion のパラグラフを書く．Results と Discussion をまとめて書いてもよい．本文の頭には Abstract を，最後には Acknowledgement, References を記載する（Abstract を掲載しない雑誌もある）．

1.4　レフェリー制度

　一般に学術雑誌への投稿論文は，投稿した雑誌のエディター（編集委員長，editor）が選んだ 2 名のレフェリーによって，内容について厳密な審査と英文の校閲が行われる．このような学術雑誌は，前述のようにレフェリー・ジャーナルと呼ばれ，大学紀要，研究機関報告書，学位論文，講演予稿集などは通常含まれない．

　雑誌に掲載されるか否かは，以下のような点を考慮して審査される．もちろ

ん，投稿論文が雑誌の定めるフォーマットにのっとって書いてあることが前提である．

①論文内容のオリジナリティー： 論文の内容に新規性があること．ただし，著者自身がすでに口頭発表を行っていても（講演要旨が印刷配布されていても）差し支えない．

②雑誌の対象研究分野との符合性： 投稿論文の研究分野と，投稿雑誌の対象研究分野が符合していること．対象研究分野は，投稿雑誌の投稿規程に記載されている．

③論文内容の論理の流れ： 論理の流れがはっきりしていること．

④文章の明快・簡潔さ

⑤引用文献の過不足

一流雑誌に論文を投稿した際には，レフェリーによる1回の審査のみで，修正指示なく受理されることは少ない．通常は，エディターから返ってきたコメントに従って論文の見直し，修正を行い，再投稿する．最終的に掲載決定の通知が来るまで，早くて投稿から半年弱かかり，さらに掲載まで1年弱かかることもある．

―――― コラム 2　論文発表総数の第 1 位は ――――

"Essential Science Indicators" は，Thomson Reuters 社が提供するデータベースから得られた学術論文の刊行数と被引用数に基づき，研究業績に関する統計情報を集積したものである．これによると，1999～2009年期のアメリカの発表論文総数はほかの国の発表論文総数の約4倍で，他国を大きく引き離している．

最近では，中国が発表する論文総数の急増に驚かされる．2004～2008年期に第2位の日本を抜き，そのまま2005～2009年期も第2位を維持している．改めて中国が科学研究の領域で国際的な地位を高めていることが感じられる．一方で日本は，2003～2007年期の論文発表総数は第2位であったが，2004～2008年期には中国だけでなく，ドイツにも抜かれ第4位となり，2005～2009年期も第4位のままである．

ちなみに，2005～2009年期の世界における論文発表総数の上位10か国

は，アメリカ，中国，ドイツ，日本，イギリス，フランス，カナダ，スペイン，オーストラリアである．

1.5 インパクトファクター

　最近では，論文が掲載された雑誌のインパクトファクター（impact factor, IF）が重視されるようになり，論文は量より質で評価される傾向にある．インパクトファクターとは，特定の1年間においてある雑誌に掲載された「平均的な論文」がどれくらい頻繁に引用されているかを示す尺度で，一般にその分野における雑誌の影響度を表す．そのため，論文の重要性や影響力を知るための客観的指標として，掲載されている雑誌のインパクトファクターを重視する傾向にある．つまり，インパクトファクターが高い雑誌はその分野での影響度が高く，掲載されている論文の評価は概して高いとされる．

　インパクトファクターは，Thomson Reuters 社が提供する学術雑誌評価のためのデータベース，Journal Citation Reports（JCR）に収録されている（http://science.thomsonreuters.jp/products/jcr/）．インパクトファクターの計算方法は，（ある雑誌に掲載された論文が引用された回数）／（ある雑誌に掲載された論文数）で求められる．具体的な数式は以下のとおりである．

【2013年のインパクトファクター（2014年初夏に出版予定）】
　A＝2011，2012年に雑誌Pに掲載された論文が2013年中に引用された回数
　B＝2011，2012年に雑誌Pが掲載した論文数
とすると，
　雑誌Pの2013年のインパクトファクター＝A/B

―――――コラム3　研究者は年間何報の論文を発表しているか？―――――
　研究者の評価の1つに，学術雑誌への発表論文数がある．これは，第一著者の論文だけではなく，第二著者，第三著者などすべての発表論文を含む．国立行政法人，国立大学法人の科学技術関係活動に関する成果（出典：Thomson Scientific 社刊行 "ISI National Citation Report for Japan 1997-2006" に対する，情報・システム研究機構国立情報学研究所・根岸正光の調査統計結果）によると，

研究者あたりの年間論文刊行数は，研究開発独立法人では0.71報（2005年度），0.66報（2006年度）であり，国立大学法人では0.65報（2005年度），0.63報（2006年度）である．1997〜2006年の10年間の研究者あたりの総論文刊行数を見ると，研究開発独立法人では5.70報，国立大学法人では6.39報である．

最近では，どのくらいのインパクトファクターの学術雑誌に掲載されたか，その論文がほかの研究者によってどのくらい引用されたか（引用回数）など，量ではなく質を重んじるようになる傾向にある．

1.6 引用する学術論文

第2,3章では，著者が*Virology*に発表した次の4論文を主に引用して論文の書き方を解説する．第4〜9章で引用する論文は，各章を参照されたい．

(i) Ikegami, M. and Francki, R. I. B. (1973). Presence of antibodies to double-stranded RNA in sera of rabbits immunized with rice dwarf and maize rough dwarf viruses. *Virology*, **56**, 404-406.

(ii) Ikegami, M. and Francki, R. I. B. (1974). Purification and serology of virus-like particles from Fiji disease virus-infected sugar cane. *Virology*, **61**, 327-333.

(iii) Ikegami, M. and Francki, R. I. B. (1975). Some properties of RNA from Fiji disease subviral particles. *Virology*, **64**, 464-470.

(iv) Ikegami, M. and Francki, R. I. B. (1976). RNA-dependent RNA polymerase associated with subviral particles of Fiji disease. *Virology*, **70**, 292-300.

【論文の概要】

オーストラリアでは病原ウイルスであるフィージーディジーズウイルス（Fiji disease virus, FDV）が，葉にゴールと呼ばれる腫瘍を誘導し，サトウキビ栽培に大きな被害を与えている．一連の論文は，FDV粒子の性状について研究したものである．

FDVに感染したサトウキビ葉では，腫瘍組織の電子顕微鏡観察により直径約70 nmの多面体粒子が観察され，その粒子形態は，二本鎖RNAをゲノムとする動物ウイルスのレオウイルスや植物ウイルスのウーンドチューマーウイル

ス (WTV), イネ萎縮ウイルス (RDV), メイズラフドワーフウイルス (MRDV) とよく似ている. また, 二本鎖 RNA と特異的に反応するポリイノシン酸：ポリシチジル酸 (poly(I):poly(C)) 抗血清によって, FDV 感染植物の腫瘍組織に二本鎖 RNA が検出された. これらの結果から, FDV は二本鎖 RNA ウイルスであるという暫定的な結論が導かれている.

著者らはまず, FDV と RDV・MRDV が血清学的に近縁関係にあるかどうかを, RDV 抗血清や MRDV 抗血清を用いて調べた. その結果, FD 抗原と RDV・MRDV の抗血清との間で陽性の血清学的反応が観察されたが, それはウイルスの外被タンパク質によるものではなく, 二本鎖 RNA によるものであるということを発見した. つまり, FDV は RDV や MRDV と血清学的近縁関係にはなかった (論文 (i) の概要).

次に FDV 感染サトウキビから FDV 粒子の精製法を検討し, 直径約 55〜60 nm の多面体粒子を精製することができた. これらは, 70 nm の完全なウイルス粒子が精製中に壊れて生じた FDV 亜粒子であると結論付けられた. さらに, FDV 亜粒子を用いて作製した FDV 抗血清は, 二本鎖 RNA 抗体を含んでいた (論文 (ii) の概要).

続いて, FDV 亜粒子から核酸を単離し, その特性について調べたところ, 二本鎖 RNA であると結論付けられた. また, FDV-RNA は 9 本のセグメントに分かれ, 総分子量は 15.3×10^6 であった (論文 (iii) の概要). なお, その後の研究で FDV は 10 本の分節ゲノムからなることが明らかになった.

FDV はレオウイルス科に分類されるウイルスに粒子構造が似ている. それらのウイルスの粒子中には RNA 依存 RNA ポリメラーゼ (トランスクリプターゼ) が存在するため, 著者らは FDV 亜粒子が同じような酵素を持っているかどうかを調べた. その結果, RNA 依存 RNA ポリメラーゼ活性は FDV 亜粒子中から検出することができた. さらに, ポリメラーゼによる生産物は一本鎖 RNA で, その 80% 以上は FDV-RNA と分子雑種形成した (論文 (iv) の概要).

以上の結果から, FDV は二本鎖 RNA をゲノムとし, 粒子中に RNA 依存 RNA ポリメラーゼを含むという結論が得られた.

―――― コラム4　科学論文の著者名の順番について ――――

　3.9節でも述べられているが，Referencesや論文中での引用表記上，あるいは研究成果が広く社会で取り上げられる場合，論文の第一著者（＋場合によっては第二著者）は名前の出ることが多いが，それ以外の共著者については省略されることも多い．この「著者名の順番」は，意外に大きな問題である．

　大学院の修士課程（博士前期課程）や博士後期課程の学生が，指導教官のもと自分の研究テーマを持って研究を行って論文を発表する場合は，一般に学生が論文の第一著者（筆頭著者）となる．通常，論文の第一著者となる学生は，指導教官の指導のもと，実験計画を立案し，実験を行い，データを解析し，結論をまとめ上げ，論文を執筆する．

　研究を進めるにあたっていろいろと協力してくれた人たちは，その貢献度に応じて第二著者，第三著者，…とされる．また，貢献度に応じて著者に加えるか，Acknowledgementsで言及するかが決まってくる．

　指導教官は，通常著者の順番の最後に置かれ，corresponding author（学術雑誌のエディターとの連絡を担当する著者）となることが多い．ただ，連絡役という意味合いから，博士後期課程の学生などがcorresponding authorになっている例も時折見られる．

　キャリアを持った複数の研究者による共同研究の場合，それぞれの研究者の貢献度は，研究のいろいろな面においてそれぞれ卓越しており，誰を第一著者にするかを決めるのはなかなか難しい．こういった場合，第一著者は，誰が研究のアウトラインを最初に組み立てたのか，研究費が支払われる対象となっている人物は誰か，実験計画を立て実験を行ったのは誰か，原稿の執筆を行ったのは誰か，などを総合的に考えて決められている．また，論文の著者が「X, Y and Z」で，XとYが同じ寄与率である場合には，論文にその旨を注記する方法がある．

［池上正人］

第2章
修　辞　法

2.1　主　　語

　科学英語論文を書き始めてすぐに迷うことは，主語をどうするかということである．英語論文では，日本語の科学論文と違って一人称（I, we など）を用いてもよいとされる．しかし，同じ主語を繰り返すとこなれていない印象を与える文章になってしまうので，その場合は無生物を主語にするとよい．

　次の文例では各文の主語（関係詞以降を除く）を太字で示したが，すべて異なっている．

①**Polyhedral particles**, about 70 nm in diameter, have been observed in leaf galls of sugarcane infected with Fiji disease virus (FDV). **It** seems probable that these particles are the causal agent of Fiji disease. **Francki and Jackson (1972)** were able to detect double-stranded (ds) RNA in gall tissue from FDV-infected plants but not in tissues of healthy sugarcane leaves by using an antiserum to polyinosinic:polycytidylic acid (poly(I):poly(C)) with specificity for ds-polyribonucleotides. **This**, together with the observation that FDV particles are similar to those of reovirus and other viruses with ds-RNA genomes, led to the provisional conclusion that FDV is a ds-RNA virus.（論文（ii））

②**Fiji disease virus (FDV)**, like some other plant viruses, including wound tumor virus (WTV), rice dwarf virus (RDV), and maize rough dwarf virus (MRDV), is structurally similar to reovirus and related viruses infecting mammals and to cytoplasmic polyhydrosis virus (CPV) of insects. **Fenner *et al*.**

(1974) have included all these viruses in the family Reoviridae. **It** has been demonstrated that virions of reovirus, CPV, WTV, bluetongue virus, and RDV all contain a transcriptase. In this paper **we** report evidence that FDV subviral particles possess a similar enzyme.（論文（iv））

2.2 時　　制

次の2つのパラグラフを見てみよう．

①Polyhedral particles, about 70 nm in diameter, **have been observed** in leaf galls of sugarcane infected with Fiji disease virus (FDV) (Giannotti *et al.*, 1968; Teakle and Steidl, 1969; Francki and Grivell, 1972). It **seems** probable that these particles are the causal agent of Fiji disease. Francki and Jackson (1972) **were** able to detect double-stranded (ds) RNA in gall tissue from FDV-infected plants but not in tissues of healthy sugarcane leaves by using an antiserum to polyinosinic:polycytidylic acid (poly(I):poly(C)) with specificity for ds-polyribonucleotides. This, together with the observation that FDV particles **are** similar to those of reovirus and other viruses with ds-RNA genomes, led to the provisional conclusion that FDV is a ds-RNA virus (Hutchinson and Francki, 1973).（論文（ii））

②RNA-dependent RNA polymerase activity **was detected** in concentrated extracts of leaf gall tissue from Fiji disease virus (FDV)-infected sugarcane leaves but not in similar extracts from healthy leaf tissue. The polymerase activity **was correlated with** FDV antigen and some polymerase activity **was** also **detected** in preparations of FDV subviral particles. Optimal polymerase activity **occurred** at about 35°, at pH between 8.5 and 9.0, and in the presence of 8 mM $MgCl_2$ and 200 mM NH_4Cl. The polymerase product **was** single-stranded RNA, over 80% of which annealed to FDV-RNA. Similarities of the FDV associated enzyme to those of reovirus and structurally similar viruses **are** discussed.（論文（iv））

▶重要表現

・correlate with ～：　～と互いに関連する／～と相互的関係を持つ．

・optimal： 最適な．同義語はいくつかあるが，科学英語論文ではこの語を用いることが多い．
・anneal to～： ～と分子雑種形成する．
・similarities of～to…： …に対する～の類似性．

①は Introduction の文章で，②は Abstract の文章である．各文の述語（関係詞以降を除く）を太字で示したが，Introduction では過去形，現在完了形，現在形が，Abstract では過去形と現在形が用いられている．

科学英語論文では，一般に時制は次のように使い分ける．
・過去形： 過去に行った実験動作や実験結果を表す場合．
・現在完了形： 先行研究を表す場合で，過去の事象の結果が現在もそのまま継続している場合．
・現在形： 普遍的事実，現状の課題や問題点を表す場合．
・未来形： 今後の研究の方向性や展望を表す場合．

また，英語論文の各セクションではどのような動詞の時制が用いられているかをまとめると，以下のようになる．
・Abstract： 過去形・現在形
・Introduction： 過去形・現在完了形・現在形
・Materials and Methods： 過去形
・Results，Discussion： 過去形・現在完了形・現在形

2.3 冠　　詞

2.3.1 不定冠詞

不定冠詞の a や an は，冠詞の付いている「もの」が「ある特定のもの」ではなく，「単なる可算名詞」の単数（不特定の単数の可算名詞）であることを示す．可算名詞は，原則として冠詞なしの単数形では用いられない．

引用論文から，不定冠詞が付いている名詞をいくつか抜き出して下に示す．

・This, together with the observation that FDV particles are similar to those of reovirus and other viruses with ds-RNA genomes, led to the provisional conclusion that FDV is **a ds-RNA virus**.（「二本鎖 RNA ウイルス」の一種）

・As we have been primarily interested in preparing **an FDV-specific antiserum** we have at present concerned ourselves with the purification of particles from FDV-infected galls to use as **an antigen**.（不特定単数の「FDV に特異的な抗血清」／「抗体」の一種）

・Infected sugarcane plants grown in **a glasshouse** were used.（不特定単数の「温室」）

・**An FDV preparation** purified from 10 g of leaf galls was injected into two mice.（単数の「FDV 標品」）

・Purified preparations of FDV were mounted on copper grids, stained with 2% phosphotungstic acid（PTA）adjusted to pH 6.8 with KOH and examined in **a Siemens Elmiskop I electron microscope**.（単数の「Siemens Elmiskop I 電子顕微鏡」）

・Gall tissue was pulverized at 4° with **a pestle and mortar** in 0.1 M glycine, 5 mM EDTA, pH 8.5（1 ml/g of tissue）, and a little acid washed sand.（単数の「乳鉢と乳棒」）

▶解　説

・"a pestle and mortar" のように，2 つのものが 1 組になっている場合は，最初の名詞だけに冠詞を付ける．

2.3.2　定冠詞

不定冠詞とは逆に，「特定のもの」を表す際には定冠詞の the を付ける．用法としては，①前に出た名詞に付ける，②前に出たものからそれとわかるものを指す名詞に付ける，③状況によってそれとわかる名詞に付ける，④修飾語句が付いて特定のものを指す名詞に付ける，などがある．科学論文において the の付いている名詞は，筆者が特定のものを念頭に置いて書いているという印象を読者に与えることになる．以下に論文中での例を挙げる．

Recently, Ikegami and Francki（1974）purified polyhedral particles from Fiji disease virus（FDV）-infected sugarcane; similar particles could not be detected in healthy plants. **The particles** measured about 55-60 nm in diameter and it was concluded that they were derived by degradation of intact virus particles, 70 nm in diameter.（中略）We now report experiments in which we have isolated and characterized **the nucleic acid** from preparations of subviral particles of FDV.（論文（iii））

> ▶解　説
> ・the particles は，前文にある "polyhedral particles from Fiji disease virus (FDV)-infected sugarcane" を指す．
> ・the nucleic acid は，修飾語句 "from preparations of subviral particles of FDV" が付く，特定の「核酸」を指す．

RNA preparations were centrifuged to equilibrium in Cs_2SO_4. Centrifuge tubes were punctured at **the bottom** and **the contents** of each tube were collected dropwise into 24 fractions. **The densities** of **the fractions** were determined gravimetrically and absorbance at 260 nm was determined after dilution of each sample with 0.8 ml of distilled water.（論文（iii））

> ▶解　説
> ・bottom, contents, densities の the は，〈of＋名詞〉が続く場合に付く．
> ・the fractions は，前文の "24 fractions" を指す．

Similarity between **the RNA** of FDV and MRDV is very striking although their Tm's in 0.01×SSC appear to differ, indicating a significant difference in their G/C ratios.（中略）Both viruses are transmitted by Delphacid planthoppers, both cause **the development** of neoplastic tissue in graminaceous hosts and both produce similar cytopathological structures in infected plant and insect cells.（論文（iv））

> ▶解　説
> ・the RNA は，修飾語句 "of FDV and MRDV" によって特定される「RNA」

である．

・the development は，修飾語句 "of neoplastic tissue in graminaceous hosts" によって特定される「成長」である．

なお，科学英語論文では冠詞の省略が多く見られ，複数普通名詞，集合名詞，物質名詞が一般的な意味で用いられる場合には無冠詞となる．

引用論文中から，いくつか文例を挙げる．

・**Polyhedral particles**, about 70 nm in diameter, have been observed in **leaf galls** of **sugarcane** infected with **Fiji disease virus**（FDV）.（Polyhedral particles, leaf galls：複数普通名詞，sugarcane, Fiji disease virus：集合名詞）

・**Purified preparations** of FDV were mounted on **copper grids**, stained with 2％ phosphotungstic acid（PTA）adjusted to pH 6.8 with KOH and examined in a Siemens Elmiskop I electron microscope.（複数普通名詞）

・The tissue fraction or extract to be assayed was extracted with **phenol**, precipitated with **ethanol** and resuspended in a small volume of **ST buffer**（0.1 M NaCl, 0.05 M Tris-HCl, 1 mM EDTA, pH 6.7）.（物質名詞）

2.4 複　数　形

農学系の実験は通常3回以上繰り返して行うので，experiment や preparation などは複数形で書くことが多い．引用論文中には，下記のような文例がある．

・Preliminary **experiments** were carried out to determine if FDV could be purified by schedules recommended for other plant viruses containing ds-RNA, such as wound tumor virus, rice dwarf virus and maize rough dwarf virus.

・It was concluded from preliminary **experiments** that a pH between 7.0 and 7.5 was required to prevent FDV losses during low-speed centrifugation.

・Purified **preparations** of FDV were mounted on copper grids, stained with 2％ phosphotungstic acid（PTA）adjusted to pH 6.8 with KOH and examined in a Siemens Elmiskop I electron microscope.

一方次に挙げる文章のように，「採用した方法が1種類」「1回の精製で得られた」など，明確な場合は単数形を用いる．

・**The procedure** finally adopted for the purification of FDV was as follows.
・**An FDV preparation** purified from 10 g of leaf galls was injected into two mice.

2.5　関　係　詞

関係詞には，代名詞と接続詞の働きをする関係代名詞と，副詞と接続詞の働きをする関係副詞がある．

関係詞のうち what, whom, how, why, when は，科学英語論文では全くといっていいほど使われない．さらに，先行詞が場所の場合の where，人が先行詞の who もあまり使われない．that は，先行詞が人や物の場合，only で修飾されている場合，all, anything, everything, little, much, nothing の場合には用いられるが，そのほかの場合ではあまり使われない．科学英語論文を書く際，最もよく使われる関係代名詞は which である．

関係代名詞 which は，次の3種類の格で用いられる．
・主　格：　which
・所有格：　of which, whose
・目的格：　which

実際の論文中では，主格の which は次のように用いられる．

・Rice dwarf virus (RDV) and clover wound tumour virus (WTV) have been provisionally classified with the Reoviruses. These viruses have polyhedral particles 75-80 nm in diameter **which** contain double-stranded RNA (dsRNA). (polyhedral particles を指す)

・Experiments **which** we report in this communication demonstrate that the serological reactions were not due to relationships among the viral proteins, but resulted from reactions of FDV RNA with antibodies to dsRNA. (Experiments を指

す）

　所有格の of which と whose は使い分けられており，of which は物に，whose は動物に使われることが多い．of which の文例としては次のようなものがある．

　・The polymerase product was single-stranded RNA, over 80% **of which** annealed to FDV-RNA.（"polymerase product" の）
　・When tested by immunodiffusion against antisera to RDV and MRDV, nucleic acid preparations and sap from FDV-diseased tissue as well as poly(I):poly(C) produced precipitin bands all **of which** were confluent.（"nucleic acid preparations and sap" の）

　目的格の which は次の文例のように用いられ，前置詞の目的語となる．

　・We now report experiments in **which** we have isolated and characterized the nucleic acid from preparations of subviral particles of FDV.（in の目的語）
　・Virus-induced galls were excised from the leaves for use as starting material, from **which** FDV subviral particles were purified and enzymatically active extracts prepared.（from の目的語）

2.6　接続詞

　接続詞は語と語，句と句，節と節とを結び付ける語で，文法上対等の関係にあるものを結び付けるものを結ぶ等位接続詞・接続副詞と，従属節を主節に結び付ける従位接続詞がある．

2.6.1　等位接続詞
　等位接続詞には次のような種類がある．
　・連結を示す等位接続詞：　and, neither A nor B, both A and B
　・選択を示す等位接続詞：　or, either A or B

・対立を示す等位接続詞： but, not A but B
・判断の理由を示す等位接続詞： for
引用論文中から，以下にいくつか文例を挙げる．

・The pellet (final FDV preparation) was resuspended in **either** distilled water **or** buffer depending on what the preparation was to be used for.
・However, the reactions were shown to result **not** from the precipitation of viral proteins **but** of double-stranded RNA.

2.6.2 接続副詞

本来は副詞であるが，等位接続詞のように2つの節（文）をつなぐ働きをするものを接続副詞という．下記のうち，太字のものは科学英語論文でよく用いられる接続副詞である．

・連結的なもの： **also**（そのうえ），besides（そのうえ），**then**（それから）
・反意的なもの： **however**（しかしながら），**nevertheless**（それにもかかわらず），still（それでもなお），yet（それでもなお）
・選択的なもの： else（さもないと），otherwise（さもないと）など
・因果関係を示すもの： so（それゆえに），**therefore**（それゆえに），hence（この理由で）
・説明的なもの： namely（すなわち），for example（たとえば），for instance（たとえば），that is (to say)（つまり）など

文例としては，以下のようなものがある．

・Positive serological reactions were observed in immunodiffusion tests between Fiji disease antigen and antisera to rice dwarf and maize rough dwarf viruses. **However**, the reactions were shown to result not from the precipitation of viral proteins but of double-stranded RNA.
・Electron microscopic examination of crude FDV preparations disclosed that most of the contaminating material consisted of membrane fragments. **There-**

fore, we used a nonionic detergent to solubilize membranous material so that it would not sediment with FDV particles when ultracentrifuged.

2.6.3 従位接続詞

a. 名詞節を導く接続詞

①that： that が用いられるケースは，以下のように分類される．

・that 節が主語となる場合

・that 節が補語や目的語となる場合

・that 節が前置詞の目的語となる場合

・that 節が主として「除外」の意味の前置詞（expect, save, but, besides, beyond など）の目的語となる場合

・that 節が同格の節を導く場合

・that 節が緊急，必要，提案，要求の動詞（suggest, request, urge など）および形容詞（essential, necessary, urgent など）の後に続く場合

that 節（＝文の主語）が長すぎてバランスが悪い場合，以下の文例のように，代わりに形式主語の it を文頭に置き，that 節を後にまわす．この用法は，科学英語論文ではよく使われる．

It was found **that** FDV sedimented during low-speed centrifugation at pH above 7 when Mg^{2+} was added to the suspending buffer as recommended for the purification of wound tumor virus.（that 以下のことが「わかった」）

that 節が補語となる場合には，次のような文例がある．

The absorbance at zero time $(t=0)$ is **that** measured before the addition of formaldehyde.（「0 時間 $(t=0)$ の吸光度は」that 以下のものである）

that 節が同格の節を導く場合は，以下のようになる．

This, together with the observation that FDV particles are similar to those of reovirus and other viruses with ds-RNA genomes, led to the provisional conclusion **that** FDV is a ds-RNA virus.（that 以下「であるという結論」）

②whether, if：　両者とも「～かどうか」という意味であるが，if の方が whether よりも口語的である．whether が導く節は，主語，補語，目的語となる．次の文例は，if が導く節が目的語となる文例である．

　　Preliminary experiments were carried out to determine **if** FDV could be purified by schedules recommended for other plant viruses containing ds-RNA, such as wound tumor virus, rice dwarf virus and maize rough dwarf virus.（if 以下「かどうかを」）

　b．時・場所の副詞節を導く接続詞
　when（～するときに），while（～する間に），as（～するときに），before（～する前に），until（～するまでに），till（～するまでに），since（～して以来），once（いったん～してから），as soon as（～するとすぐに），directly（～するとすぐに），immediately（～するやいなや），every time（～するときはいつも），each time（～するたびに），where（～するところに）といった種類がある．
　until を用いた文例には下記のようなものがあり，この使い方を覚えておくと便利である．

　　All extracts were prepared at 4℃ and kept in an ice bath **until** assayed.

　when, while は下記のように用いられる．なお，名詞節を導く that も同時に使われていることに注意．

　　While investigating the possibility of serological relationships between FDV, RDV, and MRDV, we observed **that** in immunodiffusion tests antisera to RDV and MRDV produced precipitin bands **when** tested against plant extracts containing FDV.

c. 原因・理由の副詞節を導く接続詞

because, since, as などがある. because は最もよく用いられ, since, as などに比べて, よりはっきりした直接的な原因, 理由を表す. because に導かれる節は, 主節の前よりも後に置かれることが多い.

since, as の文例は以下のとおりである. ほかにも that, when, but などが使われているので注意してほしい.

・The product of the polymerase is almost entirely a single-stranded polynucleotide **since** over 90% of it was readily digested by RNase.

・**As** the antisera to RDV and MRDV contained antibodies to dsRNA, it is not surprising **that** they produced precipitin bands **when** tested against FDV nucleic acid preparations, **but** positive reactions with FDV-infected sap were unexpected.

d. 目的の副詞節を導く接続詞

that, in order that などの種類がある.

e. 結果を表す副詞節を導く接続詞

so ～ that … (非常に～なので…), such ～ that … (非常に～なので…), ～, so that … ((「～」の内容を受けて) それで, その結果…) といった種類がある.

so that の文例には以下のようなものがある. なお therefore は, 前述の接続副詞である.

Therefore, we used a nonionic detergent to solubilize membranous material **so that** it would not sediment with FDV particles when ultracentrifuged.

f. 条件の副詞節を導く接続詞

if（もしも～ならば），unless（もしも～しなければ，～しない限り）といった種類がある．ifの文例には，下記のようなものがある．

The results can be reconciled **if** FDV-infected leaf cells contain significant amounts of free dsRNA or if FDV particles in crude extracts are degraded sufficiently to expose the viral dsRNA.

g. 譲歩の副詞節を導く接続詞

以下のような種類がある．

・although, though（～だけれども）：　文頭では though よりも although を用いることが多い．

・if, even if, even though（たとえ～であっても）

・while, when, whereas（～なのに）：　while, whereas は主節の前または後に置かれるが，when は主節の後に置かれる．

・whether ～ or …（～であるにせよ，…であるにせよ）：　whether の導く節が長い場合には，or not［no］が whether の直後にくる．

although を用いた文例は以下のようになる．

Although dsRNAs alone can elicit antibodies in animals, the response can be greatly enhanced by the addition of adjuvant and still further by coupling the dsRNA with protein.

▶キーワード

・adjuvant：　アジュバント．抗原とともに注射される物質で，抗原に対する免疫応答を修飾する目的で用いられる．通常は抗体産生や細胞性免疫の強化に用いられる．

また，ifの文例は以下のようになる．

The proportion of the polymerase was not different **if** the nonionic detergent, Nonidet P40, was added to the extract to a concentration of 1%.

 h. 比較・比例の副詞節を導く接続詞
 than（～よりも），as ～ as …（…と同じくらい～な），not as [so] ～ as …（…ほど～でない），as（～するにつれて），according as（～に従って）などがある．as ～ as … を用いた文例は以下のようになる．

 Only 50-150 µl of blood serum was obtained from each bleeding whereas yields of **as** much **as** 5 ml of ascitic fluid could be obtained by tapping a mouse with Ascites tumor.

 i. 様態の副詞節を導く接続詞
 as（～のように），like（～のように），as if（まるで～のように），as though（まるで～のように）などがある．as を用いた文例は以下のようになる．

 ・Antibodies directed against poly(I):poly(C) in sera prepared against conjugates of poly(I):poly(C) and methylated bovine serum albumin all appear to be able to react with FDV-RNA **as** shown by the intragel cross-absorption tests (Fig. 5).

 j. 除外の副詞節を導く接続詞
 expect that（that 節が前置詞 expect の目的語になった形，「～ということを除けば」），but（～を除いて）などがある．

[池 上 正 人]

第3章
英語論文の書き方

本章では，第1章で概説した科学英語論文の構成要素について詳説する．実際に論文を書いていくうえで大切になるポイントを押さえながら見ていこう．

3.1 Title

title（表題）は，研究結果から得られた主要な結論を的確に具体的に表すものでなければならない．したがって，用いた方法や生物名をタイトルに用いて記すのもよい．

title の付け方の基本ルールを以下に記す．

①基本的に名詞句の形にする．文の形で表す場合もあるが，あまり一般的ではない．

②冒頭の定冠詞 the は省くが，それ以外の位置での the は省略できない．また不定冠詞 a [an] は，冒頭を含むどの位置でも省略することはできない．

③最初の単語は大文字で始める．また学術雑誌によっては，重要な単語（冠詞，前置詞，接続詞以外）は大文字で始めるものもある．

3.1.1 名詞句の title 例

①Presence of antibodies to double-stranded RNA in sera of rabbits immunized with rice dwarf and maize rough dwarf viruses（論文 (i)）

「イネ萎縮ウイルスとメイズラフドワーフウイルスで免疫化されたウサギの血清中における二本鎖 RNA 抗体の存在」

▶解　説
・〈Presence＋of 以下の修飾する語句〉という名詞句になっている．また Presence には定冠詞を付けず，最初の P を大文字にする．
・表題の重要な単語を大文字で始める表記の場合は，"Presence of Antibodies to Double-Stranded RNA in Sera of Rabbits Immunized with Rice Dwarf and Maize Rough Dwarf Viruses" となる．このとき，接続詞の and，前置詞の in, of, to と with 以外を大文字とする．

②Purification and serology of viruslike particles from Fiji disease virus-induced sugar cane（論文（ii））

「フィージーディジーズウイルスによって誘発されたサトウキビからのウイルス様粒子の純化と血清学」

▶解　説
・Purification and serology とそれを修飾する語の名詞句．冒頭の定冠詞は省略，最初の P は大文字．
・重要な単語を大文字で始めると，Purification and Serology of Viruslike Particles from Fiji Disease Virus-Induced Sugar Cane となる．接続詞の and，前置詞の of, from 以外は大文字．

③An improved method for purification of wound tumor virus（Reddy, D. V. R., and Lesnaw, J. A., *Phytopathology*, 61, 907, 1971）

「ウーンドチューマーウイルス精製のための改良法」

▶解　説
・冒頭の不定冠詞 an は省略しない．

3.1.2　サブタイトルを付記する場合

　title は短く，簡潔に論文内容を表すことが大事であるが，それだけでは適切に内容を表現できないようであれば，サブタイトルを付けて限定する．以下にサブタイトルを付記した例を示す．

①Molecular characterization of a new strain of tomato leaf curl Philippines virus and its associated satellite DNAβ molecule: Further evidence for natural recombination amongst begomoviruses（Matsuda, N. *et al.*, *Archives of Virology*, **153**, 961-967, 2008）

「トマトリーフカールフィリピンウイルスの新系統とそれと関連のあるサテライト DNAβ 分子の分子特性： ベゴモウイルス間で見られる自然組換えのさらなる証拠」

▶解　説

・"a new strain" のように，不定冠詞が省略されていないことに注意．
・コロン（**colon**）〈:〉： 前で大まかに述べたことに関して，細かい説明や具体例などを付け加えるときに用いる．原則として，コロンの後の語頭は大文字とする．

　◇詳しく述べたり説明したりする例
　　We are not satisfied with this product: It has cracked and mislabeled.
　　（"this product" に対して補足をしている）
　◇概略を述べた後で，具体的な細目を列挙する場合
　　Two employees had to be dismissed: Linda Lee and George Smith.
　　（"Two employees" の具体的な名前を挙げている）

▶重要表現

・**characterization**： 特徴付け，（特性，特色などの）記述．科学英語論文の表題には便利で，よく用いられる表現．
・**evidence for ～**： ～の証拠．

―――コラム5　区切り記号の英語名―――

.	period	――	dash	〈　〉	angle brackets
,	comma	-----	leader	" "	quotation marks
;	semicolon	(　)	parentheses	' '	quotation marks
:	colon	[　]	(square) brackets		
-	hyphen	{　}	braces		

②Characterization of virus-specific DNA forms from tomato tissues infected by tobacco leaf curl viruses: Evidence for a single genomic component producing defective DNA molecules (Sharma, A. *et al.*, *Plant Pathol.*, **47**, 787-793, 1998)

「タバコ葉巻ウイルス感染トマト組織からのウイルス特異的 DNA 型の特性： 単一ゲノム成分は欠失 DNA 分子を産生するという証拠」

▶解　説
・サブタイトルを付記することで，"Characterization" についてさらに詳細な情報を提供することができる．
▶キーワード
・defective DNA：　欠失 DNA.
▶重要表現
・(tomato tissues) infected by 〜：　〜に感染した（トマト組織）．

③Studies on Fiji disease virus with special reference to the viral nucleic acid (Ikegami, M., Ph. D. Thesis, Department of Plant Pathology, University of Adelaide, 1976)

「フィージーディジーズウイルスに関する研究——特に，ウイルス核酸について」

▶解　説
・形式的には名詞句の形をとっているが，with 以下をサブタイトルと見ることもできる．"Studies on Fiji disease virus" だけでは漠然としているが，with 以下を付記することによって内容がはっきりする．
▶重要表現
・studies on 〜：　〜に関する研究．
・with reference to 〜：　〜に関して．

④A novel subviral agent associated with a geminivirus: The first report of a DNA satellite (Dry, I. B. *et al.*, *Proc. Natl. Acad. Sci. USA*, **94**, 7088-7093, 1997)

「ジェミニウイルスと関連した新規亜ウイルス因子： DNA サテライトについての最初の報告」

▶解　説
・冒頭および title 中の不定冠詞 a は省略しない．なお，サブタイトル冒頭の定冠詞 the も省略しない．
▶キーワード
・DNA satellite： DNA サテライト．遺伝情報が少なく，複製酵素の遺伝情報を持っていないために自律的に増殖できないウイルス DNA のこと．ヘルパーウイルス（ここではジェミニウイルス）と共存して初めて増殖可能．
▶重要表現
・sub〜： 語頭について，「やや，多少，亜」といった意味を与える．例として，subarctic（北極に近い，亜北極の），subtropical（亜熱帯の），suburban（郊外の）など．
・be associated with 〜： 〜と関連する．
・the first report of 〜： 〜についての最初の報告．

3.1.3　平叙文で表す場合

平叙文で表された title は一般的ではないが，時々見られることがある．

①Tomato leaf curl Java virus V2 protein is a determinant of virulence, hypersensitive response and suppression of post transcriptional gene silencing（Sharma, P. and Ikegami, M., *Virology*, **396**, 85-93, 2010）

「トマトリーフカールウイルス V2 タンパク質は，毒性の決定因子であり，過敏感反応を引き起こし，そして転写後型ジーンサイレンシングを抑制する」

▶キーワード
・determinant： 決定因子．
・hypersensitive response： 過敏感反応．ウイルスが感染すると，感染部位に小さな病斑が形成される場合がある．この病斑は局部病斑あるいは局部壊死斑と呼ばれ，ウイルスが病斑とその周辺に閉じ込められるため，それ以上反応は広がらない．これは，病原体からの毒素などによって植物の細胞が殺された結果生じるのではなく，植物細胞が病原体の何らかの因

子を認識することによって，自発的に細胞死を伴った抵抗性を誘導する現象である．以上のような現象は過敏感反応と呼ばれ，動物細胞に見られるアポトーシスと類似したプログラム細胞死現象である．
・post transcriptional gene silencing： 転写後型ジーンサイレンシング．RNA が転写後に配列特異的に分解される現象で，その分解機構は真核生物の間に広く保存されている．植物での RNA サイレンシングの役割の1つはウイルスに対する防御機構である．一方ウイルスは，この防御機構への対抗手段として suppressor（サプレッサー）をコードする．

②Viral pathogenicity determinants are suppressors of transgene silencing in *Nicotiana bentrhamiana* (Brigneti, G. et al., *The EMBO Journal*, **17**, 6739-6746, 1998)

「*Nicotiana bentrhamiana* におけるウイルスの病原性決定因子はトランスジーンサイレンシングのサプレッサーである」

▶解 説
・学名は，title 中でもイタリック表記とする．

▶キーワード
・pathogenicity： 病原性．
・suppressor： サプレッサー（抑制因子，前述）．
・transgene silencing： トランスジーンサイレンシング．前述の post transcriptional gene silencing に同じ．

③Transactivation in a geminivirus: AL2 gene product is needed for coat protein expression (Sunter, G. and Bisaro, D. M., *Virology*, **180**, 416-419, 1991)

「ジェミニウイルスにおけるトランスアクティベーション： AL2 遺伝子産物は外被タンパク質の発現に必要である」

▶解 説
・サブタイトル部分が平叙文となっている例である．

▶キーワード
・AL2 gene product： AL2 遺伝子産物.
・coat protein expression： 外被タンパク質の発現.
▶重要表現
・be needed for 〜： 〜に必要とされている.

3.2　Authors' names, Institution, Address

title の後には，発表する論文の研究を行った authors' names（著者の名前），institution（研究機関），address（住所）を書く．

authors' names は，一般的な英語での表記と同じように，名（first name）・（ミドルネーム）・姓（family name）の順で書く．corresponding author（雑誌の編集長との通信任務を担当する著者）の名前には，e-mail アドレス，電話番号，fax 番号などを付記する．通常は，指導教官や研究リーダーが corresponding author となることが多い．

institution は，部局名（大学院，学部など）・機関名（大学，研究所など）の順番に，住所は，番地・丁目・（区名）・市名・郵便番号・都道府県名・国名の順番に書く．

【例】　〒981-8555　宮城県仙台市青葉区堤通雨宮町 1-1　東北大学大学院農学研究科応用生命科学専攻

→ Department of Life Science, Graduate School of Agricultural Science, Tohoku University, 1-1 Tsutsumidori-Amamiyamachi, Aoba-ku, Sendai, 981-8555 Miyagi, Japan.

なお，共著などで著者が複数の研究機関に所属する場合には，著者名の後に上付きで番号あるいはアルファベットを付け，それぞれの所属機関を記載する．また，論文を投稿してから受理されるまでに，著者の所属機関・住所が変わった場合には，同様に著者名の後に上付きで番号あるいはアルファベットを付けて，脚注に現所属機関と住所を書く．

3.3 Abstract

Abstract（要旨）には，論文の研究をなぜ行ったか，どのようにして行ったか，そして結果と結論はどうであったか，ということを，1パラグラフ，およそ250語（words）以内でまとめるのが基本である．ただし，結果と結論のみに言及しているものも多く見られ，引用論文（論文（i）〜論文（iv））でも結果と結論のみを強調している．

Abstractの規定単語数には雑誌によってばらつきがあり，たとえば*Archives of Virology*では100〜150語，*Virology*では150語以内，*Plant Pathology*では250語以内などと定められている．少ない場合には結果のエッセンスのみを取り上げることになるが，本論を読まなくても得られた結果と結論が理解できるように書くことが重要である．

Abstractを書くときのルールを以下に示す．

・本文から独立しているので，略語は必ずAbstract中で定義しなければならない．

・論文を引用することはできるだけ避ける．どうしても引用しなければならない場合には，表題は書かず省略なしの形で引用する．学術雑誌によっては著者名と年のみを引用する場合もある．

・図，表は使用しない．

・文法的時制は，現在完了形・過去形・現在形を使う（2.2節参照）．

なお，似たような構成のものにSummary（まとめ）があるが，こちらは論文を読み終えた読者に主要点を示すために使われることが多く，Abstractと異なり独立して存在することもない．

最近ではインターネットで文献検索が普通に行われるようになってきたが，たとえばPubMed（http://www.ncbi.nlm.nih.gov/sites/entrez），Google Scholar beta（http://scholar.google.co.jp），OvidSP（http:ovidsp.ovid.com/），Scopus（http://www.scopus.com/home.url），ISI Web of Knowledge（http://www.isiknowledge.com/），CiNii（http://ci.nii.ac.jp）などの文献データベースを用いて論文検索を行うと，入力したキーワードに対して，論文題目，著者

名，Abstractが出力される．研究者はこのAbstractを読んで論文全体を読むかどうかを決めることが多いため，興味を持ってもらえるような内容・構成とすることが大切である．

以下にAbstractの文例を示す．実際に書くときのポイントを確認しながら読んでほしい．

①Positive serological reactions were observed in immunodiffusion tests between Fiji disease antigen and antisera to rice dwarf and maize rough dwarf viruses. However, the reactions were shown to result not from the precipitation of viral proteins but of double-stranded RNA.（論文（i））

フィージー病抗原とイネ萎縮ウイルスやメイズラフドワーフウイルスの抗血清との免疫拡散試験において，陽性の血清学的反応が観察された．しかしながら，この反応はウイルスタンパク質による沈降の結果ではなく，二本鎖RNAによるものであった．

▶解　説
・この文例は短報のAbstractであるため，単語数が64語と少ない．結果（フィージー病抗原と（中略）陽性の血清学的反応が観察された）と結論（この反応は（中略）二本鎖RNAによるものであった）のみ記載．
・positive serological reactionsと複数になっているのは，2種類のウイルス抗血清とフィージー病抗原との反応であるため．
・immunodiffusion testsが複数形になっているのは，複数回の試験を行ったためである．
・"rice dwarf and maize rough dwarf viruses"という書き方に注意．2つのウイルスを並べて記載するときには，最初のvirusを省略し，後のvirusを複数形とする．
・2文目，butの後にはfrom the precipitationが省略されている．繰返し部分の省略は，科学英語論文でもよく用いられる．

▶キーワード
・serological reactions： 血清学的反応．
・immunodiffusion test： 免疫拡散試験．寒天ゲル内で抗原，抗体の拡散

による沈降反応帯の出現を観察する方法．ゲル中に抗原と抗体の両方を拡散させる方法を二重拡散法（double diffusion test）といい，そのうち平板を用いる方法は Ouchterlony 法と呼ばれることがある（3.5 節にて後述）．植物ウイルスの分野ではこの Ouchterlony 法を用いることが多く，寒天ゲル拡散法（agar-gel diffusion test）と通称している．論文（i）の研究においても，寒天ゲル拡散法を用いている．

・antigen： 抗体．
・antisera： 抗血清．単数形は antiserum．
・viral protein： ウイルスタンパク質．
・double-stranded RNA： 二本鎖 RNA．英文中では，ds-RNA，dsRNA などと略記される．一方で一本鎖 DNA は single-stranded RNA で，ss-RNA，ssRNA と略す．

▶重要表現
・positive： 陽性の．
・result from 〜： 〜の結果として生じる．

②Nucleic acid isolated from subviral particles of Fiji disease virus (FDV) was identified as double-stranded (ds)-RNA by the following properties: (1) Positive orcinol reaction; (2) resistance to ribonuclease (RNase) in $1 \times$ SSC (sodium chloride-sodium citrate buffer) but not in $0.1 \times$ SSC; (3) susceptibility to RNase in $1 \times$ SSC after thermal denaturation; (4) sharp thermal denaturation curve with a melting temperature of 76° in $0.01 \times$ SSC; (5) buoyant density of 1.60 g/cm^3 in Cs_2SO_4; and (6) no increase in ultraviolet absorption on treatment with formaldehyde at 37°. On electrophoresis in polyacrylamide gel, FDV-RNA separated into nine RNA segments with a total molecular weight of 15.3×10^6．（論文 (iii)）

フィージーディジーズウイルス（FDV）亜粒子から分離された核酸は，次のような性質を持っていることから二本鎖 RNA と同定された．(1) オルシノール反応に陽性であった．(2) 1×SSC（塩化ナトリウム-クエン酸ナトリウム緩衝液）中では RNA 分解酵素に対して抵抗性であったが，0.1×SSC 中では感受性であった．(3) 熱変性後，1×SSC 中では RNA 分解酵素に感受性であった．(4) 0.01×SSC 中では融解温度 76℃ の

急激な変性曲線を描いた．(5) Cs_2SO_4 中での浮遊密度は 1.60 g/cm^3 であった．(6) 37℃ でホルムアデヒド処理しても紫外部吸収の増加は見られなかった．ポリアクリルアミドゲル電気泳動を行うと，FDV-RNA は 9 本のバンドに分かれ，総分子量は 15.3× 10^6 であった．

▶解　説

・この文例は原著論文の **Abstract** で，単語数は 114 語であり，結果と結論のみが記載されている．最初に結論を述べ，続いてそのような結論に至った結果が羅列されている．

・農学・生命科学系の論文では華氏ではなく摂氏を用いる．本来の表記としては ℃ だが，C の部分を省略し，76°などとすることが多い．

・英語論文中で単位を入力する際には，以下のような決まりがある．(1) 単位記号はローマン体で表す．(2) 数字と単位記号の間は 1 字分（半角スペース）あける．(3) 文の最後にくる場合以外，単位にはピリオドを付けない．

・セミコロン（semicolon）〈;〉：　2 つの節を区切る際に，カンマより区切りをはっきりさせ，またピリオドよりはつながりを持たせたいというときに使う．セミコロンの前の単語との間にはスペースを入れず，後に続く語頭は小文字がよい．特にコロンとの混同に注意．

　◇同等の関係にある 2 つの節をつなぐ場合

　　2 つの独立した節を，同一文中で **and** などの等位接続詞を使わずにつなげるために用いる．後の節が前の節の説明や具体例になっている場合には，セミコロンではなくコロンを使う．

　（正）George thinks quality is dropping; he is probably right.
　（誤）George thinks quality is dropping: he is probably right.

　◇カンマの代わりに使う場合

　　文中で語句を列挙するときは本来カンマを使うが，それぞれの語句の中にカンマが含まれる場合，区切りを明確にするために代わりにセミコロンを用いる．

　　　The specifications were sent to Jack Smith, one of our engineers; Mary Brown, an inspector; and Bill Lee, a company executive.

▶キーワード
・nucleic acid： 核酸．
・Fiji disease virus（FDV）： フィージーディジーズウイルス．わが国で検出されていないウイルスなので，日本語訳ではカタカナ表記とする．
・positive orcinol reaction： 陽性のオルシノール反応．オルシノール反応が陽性のとき，FDV核酸はリボースを持っていることになる．
・thermal denaturation： 熱変性．二本鎖核酸が一本鎖核酸に変化する過程のことで，このようにして生じた一本鎖核酸のことを熱変性核酸という．熱変性核酸は，温度を急激に下げたときには一本鎖のまま残るが，ゆっくり冷やす（徐冷）と再び二本鎖に戻る．この過程を再生と呼び，二本鎖に戻った核酸のことを再生核酸と呼ぶ．
・melting temperature： 融解温度．二本鎖核酸を加熱すると，ある温度領域で急激にらせん構造がほぐれ，それに伴って紫外部吸光度が急上昇する．この現象をhyperchromicity（深色効果）といい，吸光度の総増加量の中点に達したときの温度を融解温度（Tm）と呼ぶ．Tmは（G＋C）含量の高い二本鎖核酸ほど高い．一方で，一本鎖核酸では規則正しいらせん構造がないために，加熱しても穏やかな吸光度上昇しか認められない．
・buoyant density： 浮遊密度．溶液中の巨大分子は，溶媒による浮力のため重量が軽くなる．硫酸セシウム（Cs_2SO_4）や塩化セシウム（CsCl）のような塩の高濃度溶液に高速回転による遠心力を加えると，塩濃度に勾配が生じ，溶質である巨大分子は密度が同じ塩濃度の位置を中心に集まってくる．この密度を浮遊密度と呼び，特に核酸や細胞小器官，細胞などの分離に利用される．浮遊密度の違いを利用した古典的実験としては，DNAの半保存的複製を証明したメセルソン・スタールの実験が有名である．
・ultraviolet absorption： 紫外線吸収．
・electrophoresis in polyacrylamide gel： ポリアクリルアミドゲル電気泳動．核酸の分子量測定法には，ポリアクリルアミドゲルあるいはアガロースを用いた電気泳動法が一般的に利用されている．この方法は，ゲル中での核酸分子の電気泳動度が分子量の対数値に反比例することを利用して分子量を測定し，被検試料を分子量既知のマーカー核酸と同時に泳動す

ることにより，その相対移動度から分子量を知ることができる．ウイルスの各核酸成分の検出・分離と，分子量の測定とを同時に行うことができる．polyacrylamide-gel electrophoresis ともいう．

▶重要表現
・isolate from 〜： 〜から分離する．
・identify as 〜： 〜であると同定する．
・resistance to 〜： 〜に対する抵抗性．
・but not 〜： しかし〜ではない．この but は対立を示す接続詞（2.6.1 項参照）で，科学英語論文でよく利用される構文である．
・susceptibility to 〜： 〜への感受性．
・on treatment with 〜： 〜（する）と同時に．この on は「時間的近接・同時」を示す．一方，最後の文の "On electrophoresis 〜" では，「手段・器具」を示す．"treatment with 〜" は「（薬品などを用いた）処理」．
・separate into 〜： 〜に分かれる．
・with a total molecular weight of 〜： 総分子量〜の．

3.4 Introduction

　論文の読者対象は一般に研究分野が著者とほぼ同じの研究者なので，論文の入口ともいうべき Introduction では，研究の背景，目的（あるいは結論）を簡潔に記載することが重要である．

　Introduction を書くときの基本ルールを以下に記す．

　・過去の研究で明らかになったことや実証されたことについて述べる場合には，過去形を用いる．現在まで引き続き行われている先行研究について言及する場合は，現在完了形を用いる．研究の目的や必要性は現在形で書く（2.2 節参照）．

　・後述の Materials and Methods や Results のように小見出しを付けない．

　・Introduction, Materials and Methods, Results, Discussion の長さの比は，だいたい 1：1：2：1 ぐらいの割合であるとバランスがよい．

　・短報の Introduction は，1〜2 パラグラフほどが適当である（実際，論文

3.4 Introduction

(i) では1パラグラフである).

以下に Introduction の例を示す．書き方の注意点を確認して読んでほしい．

3.4.1 論文 (ii) の Introduction

論文 (ii) の Introduction をパラグラフごとに解説する．最初のパラグラフでは，論文発表する研究の背景，すなわち著者らの研究の経緯，ほかの研究グループの研究内容，そして現在の研究でどこまで解明されているかが明確に書かれている．

  Polyhedral particles, about 70 nm in diameter, have been observed in leaf galls of sugarcane infected with Fiji disease virus (FDV) (Giannotti *et al.*, 1968; Teakle and Steidl, 1969; Francki and Grivell, 1972). It seems probable that these particles are the causal agent of Fiji disease. Francki and Jackson (1972) were able to detect double-stranded (ds) RNA in gall tissue from FDV-infected plants but not in tissues of healthy sugarcane leaves by using an antiserum to polyinosinic:polycytidylic acid (poly(I):poly(C)) with specificity for ds-polyribonucleotides. This, together with the observation that FDV particles are similar to those of reovirus and other viruses with ds-RNA genomes, led to the provisional conclusion that FDV is a ds-RNA virus (Hutchinson and Francki, 1973).

 直径約 70 nm の多面体粒子が，フィージーディジーズウイルス (FDV) に感染したサトウキビの葉の腫瘍組織に見られた (Giannotti *et al.*, 1968; Teakle and Steidl, 1969; Francki and Grivell, 1972)．これらの粒子は，おそらくフィージー病の病原体である．Francki and Jackson (1972) は，二本鎖のポリリボヌクレオチドに特異的なポリイノシン酸：ポリシチジル酸 (poly(I):poly(C)) 抗血清を用いて，FDV 感染植物の腫瘍組織に二本鎖 RNA を検出することができたが，健全サトウキビ葉の組織には検出することができなかった．この結果は，FDV 粒子はレオウイルスや二本鎖 RNA ゲノムを持つほかのウイルスの粒子と（形態的に）よく似ているという観察結果とともに，FDV は二本鎖 RNA ウイルスであるという暫定的な結論を導いた (Hutchinson and Francki, 1973)．

▶キーワード

・polyhedral particles： 多面体粒子．

・causal agent： 病原体.
・an antiserum to polyinosinic:polycytidylic acid（poly(I):poly(C)）： ポリイノシン酸：ポリシチジル酸（poly(I):poly(C)）抗血清．poly(I):poly(C) とは，ポリイノシン酸とポリシチジル酸とからなる二本鎖 RNA のこと．

▶重要表現
・about 70 nm in diameter： 直径約 70 nm．ほかに長さの表現としては，a snake seven feet long (in length)（7 フィートの蛇），with a length of 100 ft / of 100-foot length（100 フィートの〜）などがある．また重さの表現としては，in weight（〜重さで），be 10 kg in weight（〜が 10 kg ある）などがある．
・be infected with 〜： 〜に感染する．
・et al.： 「そのほかの著者（and other authors）」の意味．著者が 3 名以上いる場合，筆頭著者＋et al. として表記する．通常はイタリック体で表記するが，ラテン語をイタリック体で記載しない学術雑誌もあるので，投稿規定をよくチェックすること．
・〜-infected： 〜に感染した．名詞とハイフン〈-〉でつなぐ．
・it seems probable that 〜： おそらく〜である，〜のようだ．仮主語 it と that を用いた構文（2.6.3.a 参照）で，科学論文でもよく用いられる表現である．（⇒p. 61 コラム 10）
・by using 〜： 〜を用いて．同様の表現として，by means of 〜（〜の方法を用いて）もよく用いられる．
・with specificity for 〜： 〜に特異的な．
・together with 〜： 〜とともに．同様の表現として，along with 〜（〜と一緒に），in addition to 〜（〜に加えて），as well as 〜（〜ならびに，〜のほかに）がある．
・be similar to 〜： 〜に似ている．
・lead to the conclusion that 〜： 〜という結論を導く．

2 番目のパラグラフには，なぜこういう研究を行うに至ったかが記載されて

3.4 Introduction

いる．最後に "In this paper we describe" と "We also describe" で始まる文章を持ってきて，以下の論文内で報告する内容を記載して締めくくっている．

　In attempts to purify FDV we have been faced with two problems: (1) the lack of a satisfactory virus assay method; and (2) the observation that FDV particles are apparently confined to cells of the small leaf galls (Francki, unpublished results) putting serious limits on the amounts of tissue rich in FDV which can easily be obtained for experimental use. As we have been primarily interested in preparing an FDV-specific antiserum we have at present concerned ourselves with the purification of particles from FDV-infected galls to use as an antigen. In this paper we describe a method of preparing FDV-specific antigen from small amounts of gall tissue which we have used to elicit antibody production in mice. We also describe the specificity of antibodies to this antigen obtained from both the blood serum and ascetic fluid of immunized mice.

　FDV を精製する際に 2 つの問題に直面した．(1)満足なウイルス検定法が欠如していること，そして (2)FDV 粒子は小さな腫瘍の細胞に閉じ込められている（Francki, 未発表データ）のが観察されることは，（精製）実験に使用するために容易に得られる，FDV に富んだ組織量に重大な制限を与える．われわれはまず FDV に特異的な抗血清の作製に興味があったので，FDV 感染腫瘍から抗体として使用できる粒子の精製に関心を持った．本論文では，わずかな量の腫瘍組織から，マウスを用いて抗体産生を誘発するために使用した FDV 特異抗原を調製する方法について記載する．また免疫化されたマウスの血清と腹水の両方から得られた，この抗原に対する抗体の特異性についても記載する．

▶解　説
・In this paper 以下，We also 以下は，前述のように現在形になっていることに注意．

▶キーワード
・virus assay method：　ウイルス検定法．汁液接種が可能なウイルスの場合には，感染性を検定する生物的検定法を使用することができるが，FDV は汁液接種ができないため，合成核酸抗体（poly(I):poly(C) 抗血清）を利用した血清学的検定法を用いた．この方法の欠点は，ウイルス活性の

検定ではないことである.
▶重要表現
・attempt to ～： ～する試み.
・unpublished results： 未発表の結果を引用するときの書き方."～, unpublished data", "unpublished results of ～"という書き方もある. また, "personal communication from ～"(～からの(まだ論文にしていない内容の)私信)という表現もよく用いられる.
・put (serious) limits on ～： ～に(重大な)制限を加える.
・concern ourselves with ～： ～に関係する, ～にかかわる.
・specificity： 特異性.

3.4.2 論文(iv)の Introduction
論文(iv)より引用. まず著者らの研究の経緯が紹介され, なぜ本研究が行われたかが書かれている. 最後の文に何を報告するかが書かれている.

　Fiji disease virus (FDV), like some other plant viruses, including wound tumor virus (WTV), rice dwarf virus (RDV), and maize rough dwarf virus (MRDV), is structurally similar to reovirus and related viruses infecting mammals and to cytoplasmic polyhydrosis virus (CPV) of insects (Hutchinson and Francki, 1973; Ikegami and Francki, 1974, 1975; Reddy et al., 1975). Fenner et al. (1974) have included all these viruses in the family Reoviridae. It has been demonstrated that virions of reovirus (Borsa and Graham, 1968; Shatkin and Sipe, 1968), CPV (Lewandowski et al., 1969), WTV (Black and Knight, 1970), bluetongue virus (BTV; Verwoerd and Huismans, 1972; Martin and Zweerink, 1972), and RDV (Kodama and Suzuki, 1973) all contain a transcriptase. In this paper we report evidence that FDV subviral particles possess a similar enzyme.

　ウーンドチューマーウイルス(WTV), イネ萎縮ウイルス(RDV), メイズラフドワーフウイルス(MRDV)を含むほかの植物ウイルスのように, フィージーディジーズウイルス(FDV)は, 哺乳動物に感染するレオウイルスとその類縁ウイルス, 昆虫の細胞質多角体病ウイルス(CPV)に構造的に似ている(Hutchinson and Francki, 1973; Ikegami and Francki, 1974, 1975; Reddy et al., 1975). Fenner et al. (1974)はこれらのウイル

ス全部をレオウイルス科に含めた．レオウイルス（Borsa and Graham, 1968; Shatkin and Sipe, 1968），CPV（Lewandowski *et al*., 1969），WTV（Black and Knight, 1970），ブルータングウイルス（BTV; Verwoerd and Huismans, 1972; Martin and Zweerink, 1972），RDV（Kodama and Suzuki, 1973）といったすべての粒子はトランスクリプターゼを持っているということが証明されている．本論文では，FDV 亜粒子も同じような酵素を持っている証拠を報告する．

▶解　説
・some は「ある数量（a certain quantity）」を意味し，肯定文において，複数名詞もしくは数えられない名詞の前で使われる．（⇒次ページコラム 6）

▶キーワード
・family Reoviridae：　レオウイルス科．この family は分類学上の「科」を示す．
・transcriptase：　トランスクリプターゼ，転写酵素．一般には，DNA を RNA に転写する酵素の DNA 依存 RNA ポリメラーゼ（トランスクリプターゼ，転写酵素，RNA ポリメラーゼ）を指すが，本論文にあるように二本鎖 RNA ウイルス粒子中の二本鎖 RNA から一本鎖 RNA（mRNA）を転写する酵素もトランスクリプターゼあるいは転写酵素という．また RNA 依存 RNA ポリメラーゼともいう．
・enzyme：　酵素．

▶重要表現
・all these viruses：　これらのウイルス全部．all は定冠詞，代名詞の所有格，指示代名詞などの限定詞に先行する．
・it has been demonstrated that ～：　～が証明されている，明らかになっている．it ～ that 構文．現在まで引き続き行われている先行研究について述べる場合は，現在完了形を用いる．
・all contain：　すべてが～を含む．主語と同格の場合の all は，ふつう主語の直後や動詞の前に置くが，be 動詞や助動詞の場合はその直後に置く．この場合，副詞の位置と同じであるので，副詞的な働きをしているとも考えることができる．

締めの文章で目的や内容を表す際の書き出しは，上で挙げた
- In this paper we describe 〜（本論文では〜について記載する）
- We (also) describe 〜（〜について（も）記載する）
- In this paper we report 〜（本論文では〜について報告する）

のほかに，
- We (now) report（〜について報告する）
- This paper represents 〜（本論文は〜を示す）
- The purpose of this research was 〜（本研究の目的は〜することであった）
- The objective of this research was 〜（本研究の目的は〜することであった）
- In this research, we investigate 〜（本研究では〜について調べている）
- Here we discuss 〜（ここでは〜について論じている）
- In this paper, we focused on 〜（本論文では〜に焦点を当てた）
- This paper presents 〜（本論文は〜を提示している）

などがある．

コラム6　any について

any も some と同じく，「ある数量（a certain quantity）」を意味し，複数名詞または数えられない名詞の前で使われる．具体的には，以下のような場合に使用される．

①否定文で

I don't have any butter, and he doesn't have any either.（私のところにはバターがないし，彼のところにもありません．）

He doesn't have any friends.（彼には友達がいません．）

②否定語に準ずる hardly, scarcely, barely の後で

I have hardly any money.（お金はほとんどありません．）

There are scarcely any flowers in the garden.（庭には花がほとんどありません．）

③疑問文で

Do you have any money?（お金を持っていますか？）

Did you see any swans?（白鳥を見ましたか？）

3.5 Materials and Methods

　Materials and Methods は，基本的に無生物主語，受動態で書く．Materials のセクションには，論文の読者が追試験できるよう，研究で使用した材料の詳細な情報（たとえば微生物ならば分譲機関，菌株名など，実験動物ならば動物種，入手先，遺伝学的特徴など，化学薬品ならば薬品名，メーカーなど）を書く．Methods のセクションは，ほかの研究者にも正確な追試験が可能なように，できるだけ詳細に書くことが大切である．ただし，前に発表された論文と同様の方法を用いる場合には，単に前報を引用するか，前報よりはるかに簡単に記述してよい．実験方法は過去形で書くのが一般的である．

　Materials and Methods（"Materials and methods" あるいは "MATERIALS AND METHODS" 表記もある）は通常 Introduction の後にくるが，雑誌によっては Discussion の後にくることもある．また，Experimental Procedures, Experiments といった書き出しを用いることもあるが，内容はほぼ同一である．

　Materials and Methods には小見出しをつけることが多いが，その書式も雑誌により異なるので，投稿規定をチェックしてほしい．たとえば，

・小見出しはイタリックでピリオドなし，本文は改行する

FDV-infected plant material
　　Infected sugarcane plants（var. NCO-310）grown in field plots or in a glasshouse were used. …

・小見出しはローマン体でピリオドを付け，本文は改行しない

FDV-infected plant material. Infected sugarcane plants（var. NCO-310）grown in field plots or in a glasshouse were used. …

・小見出しはローマン体でコロンを付け，本文は改行しない

FDV-infected plant material: Infected sugarcane plants（var. NCO-310）grown in field plots or in a glasshouse were used. ⋯

・小見出しは太字のローマン体でピリオドを付け，本文は改行しない
FDV-infected plant material. Infected sugarcane plants（var. NCO-310）grown in field plots or in a glasshouse were used. ⋯

・小見出しには連番を付け，太文字のイタリック体でピリオドは付けない．本文は改行．
2.1. FDV-infected plant material
　Infected sugarcane plants（var. NCO-310）grown in field plots or in a glasshouse were used. ⋯

などがある．短報の場合には，見出しやパラグラフの小見出しは付けない．

コラム7　パラグラフとは

　パラグラフ（paragraph）は，全体として1つのトピック（主題）について1つの考えを述べた，内容的に連結した複数の文から構成される．パラグラフでは，まず第1文で何を書こうとしているのか概論的に述べた文（トピック・センテンス）を書く．続いて，トピック・センテンスで要約して述べたことを具体的に詳しく説明する．これを展開部の文という．そして最後に，トピック・センテンスの内容に補強を加えて結論文でまとめる．たとえば abstract は，1つのパラグラフに収められており，第1文には「どんな研究を行ったか」を書く．これがトピック・センテンスに該当する．

　以下に実際の論文での Materials and Methods の小見出しとそのパラグラフをいくつか引用し，書き方について解説する．なお，引用元の雑誌 *Virology* では，「小見出しはイタリックでピリオドを付け，本文は改行しない」という体裁をとっている．

FDV-infected plant material. Infected sugarcane plants（var. NCO-310）grown in field plots or in a glasshouse were used. Virus-induced galls were excised from the leaves for use as starting material, from which FDV subviral particles were purified and enzymatically active extracts prepared.（論文（iv））

FDV 感染植物材料．畑や温室で育てた感染サトウキビ植物（品種 NCO-310）を用いた．実験の出発材料として使用するために，葉からウイルスによって誘導された腫瘍を切り取り，それから FDV 亜粒子の純化や酵素的に活性のある抽出液の調製を行った．

▶**解 説**
・無生物主語，受動態で書かれていることに注意してほしい．
・2 文目の which は前置詞の目的語．

▶**キーワード**
・var.： variety（品種）の略称．実験に供した植物は，必ず品種名を書くようにする．
・field plot： 畑．plot は小区画地の意．
・extract： 抽出液．

▶**重要表現**
・prepare： 調製する．

Nucleic acid preparations. Nucleic acid from purified subviral particles associated with FDV (Ikegami and Francki, 1974) was isolated either by phenol-sodium dodecyl sulphate (SDS) extraction (Francki and Jackson, 1972) or by pronase-SDS digestion (Murant *et al.*, 1972). RNA from tobacco mosaic virus (TMV) preparations (Gooding and Hebert, 1967) was isolated by phenol-SDS extraction; that from bacteriophage φ6 was supplied by Dr. J. van Etten (Department of Plant Pathology, University of Nebraska) and that from reovirus type 3 by Dr. A. R. Bellamy (Department of Cell Biology, University of Auckland). Nucleic acid absorption spectra were examined in a Unicam SP1800 Spectrophotometer equipped with a SP876 Series 2 Temperature Programme Controller. RNA concentrations were determined at 260 nm using $E_{1cm}^{0.1\%} = 16.7$ (Ito and Joklik, 1972) for ds-RNA and $E = 25$ for single stranded (ss)-RNA. Thermal denaturation and formaldehyde treatment of RNA preparations was done as described by Miura *et al.* (1966; 1968).（論文（iii））

核酸調製. FDV と関係のある精製亜粒子（Ikegami and Francki, 1974）の核酸は，フェノール-SDS 抽出法（Francki and Jackson, 1972）か，あるいはタンパク質分解酵素-SDS 消化法（Murant et al., 1972）のいずれかの方法によって分離した．タバコモザイクウイルス（TMV）標品の RNA（Gooding and Hebert, 1967）はフェノール-SDS 抽出法により分離しており，バクテリオファージ φ6 の RNA は J. van Etten 博士（ネブラスカ大学植物病理学科）より，レオウイルスタイプ 3 の RNA は A. R. Bellamy 博士（オークランド大学細胞生物学科）より提供された．核酸の吸収スペクトルは，SP876 シリーズ 2 温度プログラム制御器を備えた Unicam SP1800 分光光度計によって測定した．RNA 濃度は，260 nm において二本鎖 RNA に対しては吸光係数 $E_{1cm}^{0.1\%} = 16.7$（Ito and Joklik, 1972）を，一本鎖 RNA に対しては $E = 25$ を用いて計算した．RNA の熱変性およびホルムアルデヒド処理は，三浦ほか（1966; 1968）の論文に記載されている方法を用いて行った．

▶解　説

・すでに発表されている論文に書かれた方法を用いて実験を行った場合での表現をマスターしてほしい．この例のように，以前に報告された方法と同様の方法を用いる場合には，単に前報を引用するだけでよい．それぞれ，FDV 亜粒子の精製は Ikegami and Francki（1974）の方法，フェノール-SDS 抽出法は Francki and Jackson（1972）の方法，タンパク質分解酵素-SDS 消化法は Murant et al.（1972）の方法，RNA の熱変性およびホルムアルデヒド処理は三浦ほか（1966; 1968）の方法に従ったことが示されている．

・that from reovirus type 3 の後に "was supplied" が省略されていることに注意．

▶キーワード

・tobacco mosaic virus（TMV）：　タバコモザイクウイルス．タバコモザイク病の病原体．長さ 300 nm，直径 18 nm の棒状ウイルスで，分子量 17500 の外被タンパク質サブユニット約 2130 分子と，約 6400 塩基の一本鎖 RNA ゲノムからなる．1935 年，W. M. Stanley により，最初に精製・結晶化されたウイルスである．

・bacteriophage φ6：　バクテリオファージ φ6．*Pseudomonas phaseolicola* を宿主とする RNA ファージの一種．ゲノムは 3 分節の二本鎖 RNA で，

総分子量は約 9.5×10^6 である．

- absorption spectra： 吸収スペクトル．単数形は spectrum．
- spectrophotometer： 分光光度計．物質には特定の波長の光を吸収する性質があり，その物質の化学構造と深く関連している．そこで，吸収される光の波長や強さを調べることで物質の構造や量を測定することができる．このような解析法を吸光分析法という．分光光度計は特定の波長の光を試料に当てて透過した光の強さを測る機械であり，吸光分析法には欠かせない．主に核酸やタンパク質の定量に使用される．
- $E_{1cm}^{0.1\%}$： 吸光係数．0.1％ (1 mg/ml) の濃度の試料を 1 cm の光路長で測定した 260 nm での吸光度を表す．核酸は紫外線を強く吸収し，260 nm 付近に吸収極大，230 nm 付近に吸収極小を示す．吸収極大における吸光度は極小における吸光度の 2.1〜2.3 倍程度，280 nm における吸光度の約 2 倍である．$E_{1cm}^{0.1\%}$ は塩基組成によって異なるので，核酸の種類ごとに値が違う．しかし，一般には中性の水溶液中での $E_{1cm}^{0.1\%}$ の値は，dsRNA では約 17，RNA で 25，DNA で 20 前後である．
- formaldehyde： ホルムアルデヒド．

▶重要表現
- preparation： 調製（法），調製品，標品．
- either 〜 or …： 〜か…のどちらか．等位接続詞（2.6.1 項参照）で，肯定文において 2 つのもののうち「どちらか一方」と強くいいたいときに使う．ただの or よりも，二者択一の気持ちが強くなる．比較するものは，名詞と名詞，形容詞と形容詞，動詞と動詞のように，文法上対等にする．
- be supplied by 〜： 〜によって提供される．実験材料の提供を受けたときの表現で，よく用いられる．
- be examined in 〜： 〜で調べられる．
- concentration： 濃度．
- be done as described by 〜： 〜によって記載されているように行われる．

コラム 8　either, neither の構文

「否定動詞＋either ～ or」「肯定動詞＋neither ～ nor」は，どちらも「両方とも～でない」という意味である．

I can't eat either tripe or liver.
I can eat neither tripe nor liver.
（私は胃もレバーも（両方とも）食べられません．）

一方，2つのもの（名詞，動詞，形容詞など）を単純に「両方とも」というときには，"both ～ and …" を使う．

He has both the time and the money to play polo.（彼はポロ（馬上競技）をする時間も金もあった．）

She both built and endowed the hospital.（彼女はその病院を建てたし，お金の寄付もした．）

It was both cold and wet.（寒かったし，雨も降っていた．）

なお，次の文の意味には注意すること．

I can't eat both tripe and liver.（胃とレバーの両方は食べられません（食べられるのはどちらか一方だけ）．）

Electron Microscopy. Purified preparations of FDV were mounted on copper grids, stained with 2% phosphotungstic acid (PTA) adjusted to pH 6.8 with KOH and examined in a Siemens Elmiskop I electron microscope.（論文 (ii)）

　電子顕微鏡．FDV 純化標品を銅グリッド上に載せ，KOH で pH 6.8 に調製した 2% リンタングステン酸で染色し，Siemens Elmiskop I 電子顕微鏡で検査した．

▶解　説

・examined の前に "purified preparations of FDV were" が省略されていることに注意．

▶重要表現

・be stained with ～：　～で染色される．with は「～を用いて」の意味．
・be adjusted to pH ○：　pH ○に調製する．

Preparation of crude antigens for immunodiffusion tests. The following antigens were prepared as described by Ikegami and Francki (1973). "FDV-infected sap" was prepared by grinding excised galls in 2.5 times their weight of STE buffer (0.1 M NaCl, 0.05 M Tris-HCl, 6 mM EDTA, pH 7.5) and the brei was centrifuged at 1500 g for 5 min. The supernatant fluid was recovered and used without further treatment. "FDV nucleic acid" was prepared from excised galls by phenol extraction (Francki and Jackson, 1972), ethanol precipitation and resuspension of STE buffer. "Poly(I):poly(C)" was purchased from Nutritional Biochemicals Corp. (Cleveland, OH, USA) and dissolved in STE buffer at a concentration of 100 μg/ml. "Healthy sap" and "host nucleic acid" were prepared as for "FDV-infected sap" and "FDV nucleic acid" respectively, but from healthy sugarcane leaf tissue.（論文（ii））

免疫拡散法のための粗抗原の調製．次のような抗原を Ikegami and Francki (1973) の論文に記載されている方法により調製した．「FDV 感染液」は切り取られた腫瘍を重さの 2.5 倍量の STE 緩衝液（0.1 M 塩化ナトリウム，0.05 M トリス-HCl，6 mM EDTA，pH 7.5）で磨砕することにより調製し，磨砕液を 1500 g で 5 分間遠心した．上清液を回収し，さらなる処理を行わずに使用した．「FDV 核酸」は，切り取られた腫瘍をフェノール抽出（Francki and Jackson, 1972），エタノール沈殿，STE 緩衝液での再懸濁を行って調製した．「Poly(I):poly(C)」は，Nutritional Biochemicals 社（クリーブランド，オハイオ州，アメリカ）から購入し，100 μg/ml の濃度になるように STE 緩衝液に溶解した．「健全液」および「健全核酸」は健全サトウキビ葉の組織から，それぞれ「FDV 感染液」および「FDV 核酸」と同様の方法で調製した．

▶解　説
・引用符（quotation mark）〈" "〉：　語句の前後を囲み，強調する際に用いられる．
・試薬などの購入先は，Nutritional Biochemicals Corp. (Cleveland, OH, USA) のように，会社名の後に所在地を（市，（州），国）の順で表す．ほかに，
Sequencing was performed with a DYEnamic ET Terminal Cycle Sequencing kit (Amersham Biosciences, Buckinghamshire, UK).
といった書き方もできる．

▶キーワード
・brei：　組織の磨砕液．

- supernatant fluid： 上清液．単に supernatant（上清）ともいう．
- ethanol precipitation： エタノール沈殿．
- resuspension： 再懸濁．

▶重要表現
- following： 次の，以下の．
- 2.5 times ～ weight of …： ～の重さの 2.5 倍量の…．（⇒下記コラム 9）
- be centrifuged at ～ for …： ～（回転数）で…（時間）遠心する．
- be prepared from ～： ～から調製される．
- purchase： 購入する．
- be dissolved in ～： ～に溶解される．
- at a concentration of ～： ～の濃度で．
- respectively： それぞれ．よく用いられる単語である．

────────── コラム 9　倍数詞について ──────────

a.　倍数詞の形
a.1　「～倍」の表現
①「2 倍」には "twice"，「3 倍」以上には "～ times" の形を用いる．
He is twice my age.（彼は私の 2 倍の年齢である．）
②①とは系列の異なる語として次のようなものがある．
(1)　double（2 倍），treble（3 倍）
This material is **double** width.（この生地は 2 倍の幅である．）
(2)　〈基数詞＋fold〉： twofold（2 倍），threefold（3 倍）
The solution of tenfold concentration was obtained.（10 倍の濃度の溶液が得られた．）
a.2　部分を表す数詞
①「半分」には half，「4 分の 1」には quarter を用いる．
Half a loaf is better than no bread.（ことわざ： 半分でもないよりました．）
注： half が名詞に付くときは，冠詞は名詞のすぐ前に置かれる．
②分数の場合
Three-fourths of the earth's surface is water.（地球の表面の 4 分の 3 は水である．）

b. 倍数の表し方

b.1 「…の〜倍」： "〜 times as … as"

He has three **times as** many foreign stamps **as** I do.（彼は私の 3 倍も外国の切手を持っている．）

b.2 「〜の半分（〜分の 1）」： "half（one＋序数詞）as 〜 as"

He earns **half as** much money **as** you do.（彼は君の半分だけ金をかせぐ．）

The population of Spain is about **one third as** large **as** that of Japan.（スペインの人口は日本の人口の約 3 分の 1 である．）

The job took only half as long as I had expected.（その仕事は私が予想していた時間の半分の時間しかかからなかった．）

b.3 "as 〜 as …"によらない倍数表現

The room is ten **times the size** of mine.（この部屋は私の部屋の 10 倍の大きさがある．）

この形を用いることのできる主な名詞には，age, height, length, size, weight などがある．

b.4 分数の読み方

分子は基数詞，分母は序数詞で読み，分子が 2 以上の場合には分母に複数の s を付ける．

1/3＝a [one] third, 2/3＝two-thirds, 7 3/5＝seven and three-fifths

1/2 は a [one] half, 1/4 は a quarter（one-fourth ともいう）である．

数字が大きい場合は分子を読み，over または upon を入れて分母を基数詞でそのまま読む．

62/421＝sixty-two over [upon] four hundred (and) twenty-one

Serological techniques. All serological tests were carried out by two-dimensional immunodiffusion tests at 25° as described by Francki and Habili (1972). The tests were done in 10 cm diameter petri dishes containing 12 ml of 0.75% agar in 0.14 M NaCl, 0.02 M phosphate buffer, pH 7.2, containing 0.02% sodium azide. Holes 3 mm in diameter and 3.5 mm apart were cut and 10 μl of serum or antigen were placed in each. The plates were observed and photographed after 7-day incubation.（論文 (ii)）

血清学的方法． すべての血清学的試験は，Francki and Habili（1972）に記載されてい

る二次元免疫拡散試験により 25℃ で行った．試験は 12 ml の 0.75％ 寒天（0.02％ アジ化ナトリウムを含む 0.14 M NaCl，0.02 M リン酸緩衝液，pH 7.2 に調製）を含む，直径 10 cm のシャーレで行われた．直径 3 mm の穴を，3.5 mm 離して開け，それぞれの穴に 10 μl の血清または抗原を注入した．プレートは 7 日間静置後に観察し，撮影した．

▶解　説
・4 文目，最後の each の後には hole が省略されている．

▶キーワード
・two-dimensional immunodiffusion tests：　二次元免疫拡散試験．Ouchterlony 法，寒天ゲル拡散法とも通称される．寒天層の中をそれぞれ抗原と抗体が拡散し，両者の当量比が等しくなったところに沈降帯を形成する．1 本の沈降帯は 1 つの抗原抗体反応が成立したことを示すため，複数の抗原および抗体からなる系では，2 本以上の沈降帯を生じる．定性的で，2 種以上の抗原を同時に検査することができ，しかも沈降帯パターンから抗原間の類縁関係を明瞭に示し得るため，抗原分析で広く利用されている．

▶重要表現
・be carried out：　なし遂げる，実行する．科学英語論文ではよく用いられる表現である．
・as described by ～：　～に書かれていたように．科学英語論文ではよく用いられる表現である．
・holes 3 mm in diameter and 3.5 mm apart：　直径 3 mm で（それぞれの間が）3.5 mm 離れた穴．
・after 7-day incubation：　7 日間静置後．incubation には「孵卵・培養」といった意味もあるが，農学・生命科学系の英語論文では「静置・放置」の意味で使われることが多い．7-day は incubation にかかる形容詞句であり，ハイフンでつながっているため day は複数形にならない．ちなみに，7 days long（7 日間）の場合は days と複数形になる．

Isopycnic density-gradient centrifugation. RNA preparations were centrifuged to equilibrium in Cs_2SO_4 (Shatkin, 1965). Centrifuge tubes were punctured at the bottom and the contents of each tube were collected dropwise into 24 fractions. The densities of the fractions were determined gravimetrically and absorbance at 260 nm was determined after dilution of each sample with 0.8 ml of distilled water. (論文 (iii))

平衡密度勾配遠心．RNAを硫酸セシウム溶液の中で平衡に達するまで遠心した (Shatkin, 1965)．遠心管の底に穴を開け，各遠心管の容量は滴下により24分画になるように回収した．各分画の密度を測定し，それぞれの試料を 0.8 ml の蒸留水で希釈後，260 nm での吸光度を測定した．

▶キーワード
・isopycnic density-gradient centrifugation： 平衡密度勾配遠心．核酸の浮遊密度は，核酸の理化学的特性を知るうえで重要な指標の1つである．浮遊密度の測定には，主として塩化セシウム（CsCl）あるいは硫酸セシウム（Cs_2SO_4）による平衡密度勾配遠心法が用いられる．沈降拡散平衡状態において遠心力場に形成された低分子溶質の密度勾配中では，核酸などの高分子溶質はそれぞれ自身の浮遊密度に一致する位置に集まるという原理に基づいており，核酸の分画ならびに検定のための手段として広く利用されている．
・equilibrium： 平衡．
・dropwise： 滴下．名詞・形容詞の語末に wise が付くと，「方法・方向」の意味を含むようになる．
・absorbance： 吸光度．
・distilled water： 蒸留水．
▶重要表現
・determine： 測定する．
・gravimetrically： 重量測定で．密度は各分画の溶液の重量と，同じ容量の水の重量との比から計算しているので，この語が用いられている．

3.6　Results

ふつう，Materials and Methods の後には Results がくる．前置きや私見を交

えず，客観的かつ簡潔に書くことが大切である．また結果を説明するうえでは図表が重要な役割を演じるので，まず図表を準備したうえで，それを見ながら文章を書いていくとよい．

Results を書く際の注意点としては，

・通常，実験材料や実験で使用した機器，あるいは実験方法については述べない．また，結果について議論しない（前者は Materials and Methods，後者は Discussion に記載すること）．

・原著論文では，小見出しを付けると理解しやすい．一方短報の場合には，見出しやパラグラフの小見出しは付けない．

・実験結果は過去形で書く．

などが挙げられる．

以下に Results の例をいくつか引用し，書き方について解説する．なお，引用元の *Virology* では，小見出しはイタリックで書き，ピリオドを付けず，本文は改行する．また，1），2），3）などと番号を付けて結果を分けるのも認められている．これらの決めごとは，雑誌によって違うので注意してほしい．

3.6.1　論文（ii）の Results

Purification and Properties of FDV Particles

1) In all our experiments FDV particles were purified from gall tissue excised from leaves of FDV-infected sugarcane since serological tests demonstrated that only this tissue contained detectable amounts of ds-RNA.

FDV 粒子の精製と性質

1) 血清学的試験から，腫瘍組織のみが検出可能な量の二本鎖 RNA を含んでいるということが示されたので，すべての実験において，FDV 粒子は FDV 感染サトウキビ葉から切り取られた腫瘍組織から精製した．

▶解　説

・冒頭，all（形容詞）の位置に注意．定冠詞，代名詞の所有格，数詞，形容詞より前に置く．

▶キーワード

・serological test： 血清学的試験．

3.6 Results

2) Preliminary experiments were carried out to determine if FDV could be purified by schedules recommended for other plant viruses containing ds-RNA, such as wound tumor virus (Black and Knight, 1970; Reddy and Lesnaw, 1971), rice dwarf virus (Suzuki, 1969) and maize rough dwarf virus (Wetter *et al.*, 1969). However, none of these methods proved satisfactory. Removal of host materials from gall extracts during the early stages of FDV purification proved difficult. The use of organic solvents as clarifying agents, such as chloroform (Suzuki, 1969; Wetter *et al.*, 1969), carbon tetrachloride (Kitagawa and Shikata, 1969; Black and Knight, 1970; Milne *et al.*, 1973), ether and Freon 113 (Streissle and Granados, 1968; Milne *et al.*, 1973) or absorbants such as charcoal and celite (Wetter *et al.*, 1969) resulted in serious losses of FDV and did not remove host materials efficiently. Electron microscopic examination of crude FDV preparations disclosed that most of the contaminating material consisted of membrane fragments. Therefore, we used a nonionic detergent to solubilize membranous material so that it would not sediment with FDV particles when ultracentrifuged.

2) 予備実験は，ウーンドチューマーウイルス（Black and Knight, 1970; Reddy and Lesnaw, 1971），イネ萎縮ウイルス（Suzuki, 1969），メイズラフドワーフウイルス（Wetter *et al.*, 1969）のような二本鎖RNAを含むほかの植物ウイルスで推奨されている方法によって，FDVを精製することができるかどうかを決めるために行った．しかしながら，これらの方法のどれもが満足のいくものではないことがわかった．FDVの精製の初期の段階で，腫瘍抽出液から宿主成分を除去することは難しいことがわかった．クロロホルム（Suzuki, 1969; Wetter *et al.*, 1969），四塩化炭素（Kitagawa and Shikata, 1969; Black and Knight, 1970; Milne *et al.*, 1973），エーテルやフレオン113（Streissle and Granados, 1968; Milne *et al.*, 1973）のような清澄剤としての有機溶媒，あるいは活性炭やセライトのような吸着剤（Wetter *et al.*, 1969）の使用は，FDVの重大な損失を生じ，効果的に宿主成分を除去することができなかった．FDVの粗製標品の電子顕微鏡検査は，混入しているほとんどの成分が細胞破片からなることを明らかにした．それゆえ，膜成分を可溶化するための非イオン性の洗剤を使用したところ，超遠心を行ったときにはFDV粒子といっしょに膜成分は沈殿しなかった．

▶解 説

・**so that** は結果を表す副詞節を導く接続詞（2.6.3.e 参照）．

▶キーワード
・preliminary experiments： 予備実験．
・ultracentrifuge： 超遠心を行う．

▶重要表現
・prove： ～であることがわかる，～と判明する．
・result in： 結果として生じる．
・crude： 粗製の．
・disclose： 明らかにする．
・consist of ～： ～からなる．

3) It was concluded from preliminary experiments that a pH between 7.0 and 7.5 was required to prevent FDV losses during low-speed centrifugation. It was found that FDV sedimented during low-speed centrifugation at pH above 7 when Mg^{2+} was added to the suspending buffer as recommended for the purification of wound tumor virus (Black and Knight, 1970). Significant losses of FDV into the low-speed pellet were also observed when SSC buffer (recommended by Smith *et al*., 1969, for the purification of reovirus) was used, but addition of EDTA to resuspending buffers minimized these losses.

3) 予備実験から，pH 7.0～7.5 の間の環境が低速遠心による FDV の損失を防ぐために必要であると結論した．ウーンドチューマーウイルスの精製で推奨されているように，懸濁用緩衝液に Mg^{2+} を添加した（Black and Knight, 1970）とき，pH 7 以上で FDV は低速遠心により沈殿することがわかった．低速遠心によって生じた沈殿内への FDV の有意な損失は，SSC 緩衝液（レオウイルスの純化のため，Smith *et al*. (1969) によって推奨されている）を使用したときにも観察された．しかし，再懸濁用緩衝液に EDTA を添加すると，このような損失は最小限にとどめられた．

▶解　説
・pH の表し方には，pH between ○ and ● / from ○ to ● （pH ○から●），pH above ○ / greater than ○ （pH ○以上），pH below ○ / less than ○ （pH ○以下）などがある．

3.6 Results

▶キーワード
・low-speed centrifugation： 低速遠心.
▶重要表現
・it was concluded that 〜： 〜であると結論した．仮主語 it 〜 that の構文．

4) The procedure finally adopted for the purification of FDV was as follows. Gall tissue was pulverized at 4° with a pestle and mortar in 0.1 M glycine, 5 mM EDTA, pH 8.5 (1 ml/g of tissue), and a little acid washed sand. The brei was squeezed through two layers of cheese cloth and the fibre was reextracted twice more with the same extracting medium. The extracts were pooled, centrifuged at 1,500 g for 5 min, the pH of the supernatant fluid was adjusted to 7.5 with 0.1 N NaOH and centrifuged at 5,000 g for 10 min; the supernatant fluid was then centrifuged at 165,000 g for 30 min to sediment FDV. The pellet was suspended in STE buffer, dispersed in a ground-glass homogenizer and left for 30-60 min at 4° before 20% Nonidet-P40 in STE buffer was added to a final concentration of 1% and the mixture was stirred for 5 min at 4°. The preparation was centrifuged at 5,000 g for 10 min and the supernatant fluid was layered over 2 ml cushions of 10% sucrose in STE buffer in 12 ml plastic tubes and centrifuged at 165,000 g for 40 min. The pellets were allowed to resuspend in STE buffer for at least 60 min at 4° before clarification at 5,000 g for 10 min. Samples of the pale green supernatant (0.5 ml) were layered on 30-60% (w/v) linear sucrose density-gradients (prepared in STE buffer) in 5 ml tubes and centrifuged at 40,000 rpm for 60 min in a Spinco SW 50.1 rotor. The tube contents were scanned and fractionated with an ISCO model D density-gradient fractionator and flow densitometer assembly. Typical density-gradient scans of preparations from gall tissue and healthy sugarcane leaves are presented in Fig.1. A peak about one-quarter of the way up from the bottom can be observed in the tube containing a preparation of FDV but not in the tube containing material from healthy leaves. Material producing this FDV-specific peak was recovered, dialysed against STE buffer overnight and concentrated by centrifugation at 165,000 g for 30 min. The pellet (final FDV preparation) was resuspended in either distilled water or buffer depending on

what the preparation was to be used for.

4) FDV 精製には，最終的に次のような方法を採用した．腫瘍組織を，0.1 M グリシン，5 mM EDTA，pH 8.5（組織 1 g につき 1 ml 添加）と酸で洗浄した少量の砂の中で，乳鉢と乳棒を用い 4℃ で磨砕した．生じた磨砕液を 2 枚のチーズクロスで絞り出し，植物繊維を同じ抽出液でさらに 2 度抽出した．抽出液を合わせ，1,500 g で 5 分間遠心し，上清の pH を 0.1 N NaOH で 7.5 に調整し，5,000 g，10 分間遠心した．それから FDV を沈殿させるために，上清を 165,000 g，30 分間遠心した．沈殿を STE 緩衝液で懸濁し，すりガラスホモジナイザーで粉々にし，4℃ で 30〜60 分間静置後，STE 緩衝液で 20% に調整したノニデット-P40 を加えて最終濃度 1% とした．続いて混合液を 4℃ で 5 分間攪拌した．この調製液を 5,000 g，10 分間遠心し，上清を 12 ml のプラスチックチューブ内に STE 緩衝液で作製した 2 ml の 10% ショ糖クッションに重層し，165,000 g，40 分間遠心した．生じた沈殿は，5,000 g，10 分間遠心する前に，4℃ で STE 緩衝液に少なくとも 60 分間再懸濁した．黄緑色の上清（0.5 ml）の試料を 5 ml チューブ中の 30〜60%（w/v）直線ショ糖密度勾配（STE 緩衝液中に作製）に重層し，Spinco SW 50.1 ローターで 40,000 rpm，60 分間遠心した．フローデンシトメーターを備えた ISCO モデル D 密度勾配フラクショネイターを用いてチューブを走査（スキャン）し，分画した．腫瘍組織および健全なサトウキビ葉からの調製品の典型的な密度勾配スキャンを図 1 に示す．底から約 4 分の 1 上のピークが FDV を含んでいるチューブの中に観察され，健全葉からの素材を含んでいるチューブには観察されなかった．この FDV 特異的なピークをつくる物質を回収し，一昼夜 STE 緩衝液に透析し，165,000 g，40 分間遠心して濃縮した．沈殿物（最終的な FDV 標品）を使用目的によって蒸留水かあるいは緩衝液のいずれかに再懸濁した．

▶解　説
・一見 Materials and Methods の記述のようだが，冒頭で述べられているように，「次のような方法を採用した」という「結果」を記載している．

▶キーワード
・pestle and mortar： 乳棒と乳鉢．
・cheesecloth： チーズクロス．かつてはチーズを包んだ目の粗い薄地の綿布で，現在では食品をこしたりするのに用いる．
・pellet： 沈殿．
・sucrose density-gradient： ショ糖密度勾配．ショ糖でつくった密度勾

配にウイルス試料を重層して水平ローターで一定時間（0.5〜3時間）遠心すると，宿主細胞成分およびウイルス粒子の大きさ，形，密度によって沈降の状況が異なる．この差によりウイルス粒子を宿主細胞成分から分離することができる．ショ糖密度勾配を用いた遠心は，ウイルスの精製において宿主細胞成分を除去する優れた方法である．

▶重要表現

- adopt： 採用する．
- be as follows： 次のようである．
- pulverize： 微粉状にする，砕く．同義で **homogenize** もよく使う．
- twice more： さらに2回．
- ground-glass： すりガラス．
- over 〜： 〜以上．
- be allowed to 〜： 〜のままにしておく．
- be presented in 〜： 〜（図表番号）に示す．図表を参照する際の代表的な表現．
- dialyse against 〜： 〜に透析する．**dialyze** も同義で，アメリカ英語．
- depending on what the preparation was to be used for： 標品の使用目的によって．熟語として覚えておくと便利な表現である．

5) FDV preparations purified by the above procedure contained ds-RNA as determined serologically and had ultraviolet absorption spectra characteristic of nucleoprotein (Fig. 2) with a maximum at about 260 nm, a minimum at 245 nm and 260 : 280 nm and 260 : 245 nm ratios of 1.38 and 1.11 respectively. Preparations from about 10 g of isolated galls finally suspended in 1 ml of distilled water had an optical density at 260 nm between 0.15 and 0.25. Electron microscopic examination of these preparations revealed the presence of numerous roughly spherical particles with a mean diameter of 55-60 nm without significant amounts of contaminating materials (Fig. 3).

5) 上述した方法によって精製した FDV 標品は，血清学的に明らかにされたように二本鎖 RNA を含んでおり，260 nm で極大，245 nm で極小，260：280 nm の比と 260：

245 nm の比がそれぞれ 1.38 および 1.11 の，核タンパク質の特徴的な紫外線吸収スペクトルを示した（図 2）．最終的に蒸留水 1 ml に懸濁された，切り取られた腫瘍約 10 g からの（精製）標品の 260 nm での吸光度は，0.15 と 0.25 の間であった．このような標品の電子顕微鏡検査は，平均直径 55〜60 nm の多くのほぼ球形の粒子の存在を示し，夾雑物は認められなかった（図 3）．

▶キーワード
- ultraviolet absorption spectra： 紫外線吸収スペクトル．
- nucleoprotein： 核タンパク質．
- optical density： 吸光度．
- contaminating material： 夾雑物．

▶重要表現
- reveal： 示す．
- roughly： およそ，ほぼ．

3.6.2 論文（iii）の Results

Molecular Weight and Segmentation of FDV-RNA

Polyacrylamide-gel electrophoresis of FDV-RNA preparations for 30 hr resulted in the resolution of eight distinct bands (Fig. 5). The intensity of staining of the fastest-migrating band suggested that perhaps two RNA species of similar molecular weight may have been co-electrophoresing. Although when the time of electrophoresis was increased to 45 hr this band still appeared to be a single and homogeneous, a densitometer trace of the gels revealed that the amount of material in the band was twice that expected if only one RNA species was present. Thus we conclude that the genome of FDV-RNA contains nine RNA segments, the two smallest being very similar in molecular size. When FDV-RNA was co-electrophoresed with reovirus RNA (Shatkin *et al.*, 1968) and φ6-RNA (Semancik *et al.*, 1973), it was demonstrated that the molecular weight of the FDV-RNA segments ranged from $2.60\text{-}1.08 \times 10^6$ and that the total FDV genome had a molecular weight of approximately 15.3×10^6 (Figs. 5 and 6 and Table 1).

FDV-RNA の分子量と分節性

FDV-RNA 標品は，30 時間に及ぶポリアクリルアミドゲル電気泳動によって 8 本の明瞭なバンドに分かれた（図 5）．最も速く移動するバンドの染色強度は，おそらく同じ分子量の 2 つの RNA 種が一緒に移動したのかもしれないということを示唆した．もっとも，泳動時間を 45 時間に延長してもこのバンドは 1 本の均一なバンドのように思われるが，デンシトメーターによるゲルのトレースからは，バンドの中の物質の量が 1 つの RNA 種のみが存在するときの量の 2 倍であったことが示された．このように FDV-RNA ゲノムは，9 本の RNA セグメントからなり，最も小さな 2 本の RNA セグメントは分子量が非常に似ていると結論する．FDV-RNA をレオウイルス RNA (Shatkin et al., 1968) や φ6-RNA (Semancik et al., 1973) と一緒に電気泳動すると，FDV-RNA セグメントの分子量は $2.60 \sim 1.08 \times 10^6$ の範囲にあり，全 FDV-RNA ゲノムは約 15.3×10^6 の分子量であった（図 5, 6 と表 1）．

▶解　説
・その後の研究で，**FDV-RNA** は 10 本の分節ゲノムからなり，総分子量は約 17.5×10^6 であることがわかっている．
・2 文目，**may** は「可能性」を表す．主節の動詞が過去の場合を除き，**may** と **might** のどちらを使ってもよい．両者とも現在または未来の可能性を示すが，**might** の方が可能性はやや薄い感じになる．

▶キーワード
・segmentation：　分節性．
・trace：　トレース（自動記録装置が描く線）．

▶重要表現
・resolution：　解像（力）．
・molecular weight：　分子量．
・intensity：　（色彩の）強度．
・homogeneous：　均一の，同質の．
・range from ～ to …：　～から…の範囲にわたる．

コラム 10　推量語について

序論や考察を述べる際，断定できない場合は可能性を表す助動詞（may, might）が使われる．また，seem, appear のような動詞も使われるほか，likely, possible, probably などの形容詞，apparently, probably などの副詞も使われる．

・**It seems probable that** these particles are the causal agent of Fiji disease.（これらの粒子はおそらくフィージー病の病原体である．）

・It **may well** be that the dsRNA acts as an adjuvant for production of antibodies to viral protein and that the viral protein **may** similarly enhance the production of antibodies to dsRNA．（おそらく dsRNA はウイルスタンパク質抗体の産生のためのアジュバントとして機能し，そしてウイルスタンパク質は dsRNA 抗体の産生を同じように高めるのであろう．）

注： ここでの "well" は，might，may を伴って，「たぶん，おそらくは」を表す．

・These treatments **appear** to remove the outer layer of the virions to expose enzymatically active cores or subviral particles．（これらの処理はウイルス粒子の外層を除き，酵素的に活性のあるコアあるいは亜粒子をさらすように思われる．）

・Although there **appears** to be no serological relationship between the viruses, their particles are very similar, and they have many biological properties in common．（それらのウイルスの間で血清学的な類縁関係はないように思われるけれども，粒子は非常に似ており，そして多くの共通な生物学的性質を持っている．）

・It would **seem likely** that, when an animal is immunized with dsRNA virus such as RDV or MRDV which is partly degraded after injection to expose some of its dsRNA, then antibodies will be produced to both the viral protein and dsRNA．（動物が RDV や MRDV のような dsRNA ウイルスで免疫されると，注射後粒子が部分的に崩壊し dsRNA の一部がさらされ，そしてウイルスタンパク質と dsRNA の両方の抗体が産生されるのであろう．）

3.7　Discussion

Discussion は論文の中で最も重要な部分である．Results で述べた結果を議論していくことが中心になるが，順番に挙げていく場合には小見出しを付けた方が明確になることがある．なお，Results で書いた結果のみを Discussion で述べることができることに注意してほしい．

Results と Discussion のどちらか，あるいは両方が，それぞれ別々に書けるほど長くない場合には，両者を一緒にして Results and Discussion とまとめて

書くことができる．この場合に，個々の Result の後に Discussion を書く．しかし，雑誌によっては採用しないところもあるので，投稿規定をチェックすること．

3.7.1 論文（ii）の Discussion

論文（ii）より引用．なお，3.6.1 項と対応しているので関連付けて読んでほしい．

　　Results presented in this paper demonstrate that the particles purified from galls of infected sugarcane leaves by the method described were 55-60 nm in diameter. Particles observed in crude leaf-dip preparations from FDV-induced galls (Teakle and Steindl, 1969; Hutchinson and Francki, 1973) and those observed in thin sections of infected cells (Teakle and Steindl, 1969; Francki and Grivell, 1972) measured about 70 nm in diameter. Thus, it would appear that our preparations of purified FDV particles were somewhat degraded. They are remarkably similar to the subviral particles purified from plants infected with maize rough dwarf virus (Lesemann, 1972; Milne *et al.*, 1973). We have not yet determined if the 55-60 nm FDV particles are infectious, but our results demonstrate that they are immunogenic and can be used for the preparation of FDV-specific antisera.

　　本論文で示された結果は，記載された方法によって感染サトウキビ葉の腫瘍から精製した粒子が，直径 55～60 nm であったということを明示する．FDV によって誘導された腫瘍からの粗リーフディップ調製品（Teakle and Steindl, 1969; Hutchinson and Francki, 1973）や，感染細胞の超薄切片（Teakle and Steindl, 1969; Francki and Grivell, 1972）の中に観察される粒子は，直径約 70 nm であった．したがって，われわれが得た精製 FDV 粒子標品はやや壊れているように思われる．それらは，メイズラフドワーフウイルスに感染した植物から精製した亜粒子に著しく似ている（Lesemann, 1972; Milne *et al.*, 1973）．55～60 nm の FDV 粒子が感染するかどうかについては解決していないが，それらには免疫原性があり，そして FDV に特異的な抗血清の調製に使用できることが，結果から示されている．

64　　　　　　　　　　第 3 章　英語論文の書き方

▶解　説
・このパラグラフでは，「本研究で得られた結果」→「本研究で得られた結果を先行研究と比較した結果」→「研究課題（FDV の精製と血清学的研究）に直結した重要な結論」，という順に議論が進められている．

▶キーワード
・leaf-dip preparations： リーフ・ディップ調製品．カミソリの刃で切った葉の切断面からにじみ出てくる微滴のこと．
・thin sections： 超薄切片．
・immunogenic： 免疫原性の，抗原性の．immunogenicity（免疫原性，抗原性，抗原が免疫応答を誘起する能力）より．

▶重要表現
・measure ～： ～の長さ（幅・高さ・量）がある．
・it would appear that ～： ～だと思われる．
・determine： 解決する，決着を付ける，確定する．

　　Ikegami and Francki (1973) showed that antisera to both maize rough dwarf virus and rice dwarf virus contain antibodies to ds-polyribonucleotides which react with RNA from extracts of FDV-induced galls. It was pointed out that caution must be exercised when investigating serological relationships among these viruses. It has now been demonstrated that FDV-specific antisera contain antibodies to both ds-RNA and protein. The specificity of antibodies directed against FDV-RNA is interesting in that relatively few of the antibodies are able to react with poly(I):poly(C). However, antibodies directed against poly(I):poly(C) in sera prepared against conjugates of poly(I):poly(C) and methylated bovine serum albumin (Francki and Jackson, 1972) all appear to be able to react with FDV-RNA as shown by the intragel cross-absorption tests (Fig. 5).

　Ikegami and Francki (1973) は，メイズラフドワーフウイルスとイネ萎縮ウイルス抗血清が，FDV によって誘導された腫瘍の抽出液から分離された RNA と反応する，二本鎖ポリリボヌクレオチド抗体を含んでいることを示した．これらのウイルス間の血清学的関係を研究する際に注意しなければならないということを指摘した．FDV に特異的な抗血清は二本鎖 RNA とタンパク質の両方の抗体を含んでいるということを

3.7 Discussion 65

明らかにしている．FDV-RNA の抗体の特異性は，比較的わずかな抗体しか poly(I):poly(C) と反応しないという点で興味を引き起こさせる．しかしながら，poly(I):poly(C) とメチル化牛血清アルブミン（Francki and Jackson, 1972）の複合体により調製した血清中の poly(I):poly(C) 抗体はすべて，ゲル内交差吸収試験によって示したように FDV-RNA と反応するように思われる（図5）．

▶解　説
・このパラグラフは，著者らの先行研究で得られた結論を，本論文で得られた結果が支持する，という構成になっている．
・最後の文の all は，主語と同格（3.4 節参照）．

▶キーワード
・methylated bovine serum albumin： メチル化牛血清アルブミン．

▶重要表現
・be pointed out： 示される，指摘される．
・caution must be exercised： 注意が必要である．exercise caution（注意力を発揮する）といった熟語もある．
・be interesting in ～： ～に興味を引き起こさせる．
・intra～： 「～内」「～間」を示す接頭辞．

　Our experiments illustrate the usefulness of mice for the preparation of antisera to a nucleoprotein available in very small amounts (Table 1). The blood serum of these animals can be used when only small amounts of reagent are required. However, when larger volumes are needed, antibodies of ascetic fluid produced in response to Ascites tumor infection can be used.

　実験から，非常に少ない量しか入手でない核タンパク質に対する抗血清の調製にはマウスが有用であることが示される（表1）．ほんの少量の抗血清が必要とされるときには，この動物の血清を使用することができる．しかし大量に必要なときには，腹水腫瘍（がん）感染に応答して産生される腹水の抗体を使用することができる．

▶解　説
・このパラグラフでは，もう1つの研究課題（FDV の血清学的研究）と直結する最も重要な結論を簡潔にまとめている．

▶キーワード
・bleeding： 採血.
・ascetic fluid： 腹水.
・ascites tumor： 腹水腫瘍（がん）.

▶重要表現
・illustrate： 示す.
・in response to 〜： 〜に反応して.

3.7.2　論文（iii）の Discussion

　All data presented here are consistent with the conclusion that FDV contains ds-RNA in nine segments whose total molecular weight is approximately 15.3×10^6. In this respect, as in several others already mentioned (Ikegami and Francki, 1973), FDV is similar to wound tumor virus (WTV), rice dwarf virus (RDV), and particularly maize rough dwarf virus (MRDV) (Table 1). WTV and RDV have been included as possible members of the reovirus group together with a number of viruses infecting animals (Wildy, 1971); it would appear that both FDV and MRDV warrant similar consideration.

　ここで述べたすべてのデータは，FDV は総分子量約 15.3×10^6 からなり，かつ9本のセグメントからなる二本鎖 RNA を含んでいるという結論と矛盾しない．この点において，多くのほかのところですでに述べたように（Ikegami and Francki, 1973），FDV はウーンドチューマーウイルス（WTV），イネ萎縮ウイルス（RDV），特にメイズラフドワーフウイルス（MRDV）に似ている（表1）．若干の動物に感染するウイルスとともに，WTV と RDV はレオウイルスグループの可能なメンバーに含まれた（Wildy, 1971）．FDV と MRDV の両方にも同じような考察を行うことができるように思われる．

▶解　説
・このパラグラフでは，得られたいくつかの実験結果をまとめた論文全体の結果から，最終的な結論を導いている．

▶重要表現
・all data presented here： ここ（本論文）で述べたすべてのデータ.
・be consistent with 〜： 〜と矛盾がない.

3.7 Discussion

- **several**： （1，2ではなく）多くの，数個の．同様の表現と比較すると，a few よりは多く，many よりは少ない程度で，5, 6 ぐらいが適当である．
- **a number of ～**： いくらかの，若干の（some）．
- **viruses infecting ～**： ～に感染するウイルス．
- **warrant**： 正当化する．

Similarity between the RNA of FDV and MRDV is very striking (Table 1) although their Tm's in $0.01 \times SSC$ appear to differ (Redolfi and Pennazio, 1972), indicating a significant difference in their G/C ratios. Although there appears to be no serological relationship between the viruses (Ikegami and Francki, 1973), their particles are very similar (Milne et al., 1973; Ikegami and Francki, 1974), and they have many biological properties in common. Both viruses are transmitted by Delphacid planthoppers, both cause the development of neoplastic tissue in graminaceous hosts and both produce similar cytopathological structures in infected plant and insect cells (Lovisolo, 1971; Hutchinson and Francki, 1973). Although both viruses infect maize (Lovisolo, 1971; Hutchinson et al., 1972), repeated efforts to infect sugarcane with MRDV have failed (Harpaz, 1972).

$0.01 \times SSC$ 中の FDV-RNA と MRDV-RNA (Redolfi and Pennazio, 1972) の融解温度は異なり，これは G/C 比において著しい違いがあることを示しているけれども，FDV-RNA と MRDV-RNA との間の類似性は非常に顕著である（表1）．両ウイルスの間で血清学的な類縁関係はないように思われる (Ikegami and Francki, 1973) けれども，粒子（の形態）は非常に似ており (Milne et al., 1973; Ikegami and Francki, 1974)，そして多くの共通な生物学的性質を持っている．両ウイルスは Delphacid 科のウンカによって伝搬され，イネ科宿主の腫瘍組織の成長の原因であり，そして感染植物細胞と感染昆虫細胞に同じような細胞病理学的構造をつくる (Lovisolo, 1971; Hutchinson and Francki, 1973)．両ウイルスはトウモロコシに感染する (Lovisolo, 1971; Hutchinson et al., 1972) けれども，MRDV によるサトウキビへの感染は失敗に終わっている (Harpaz, 1972)．

▶解　説
- このパラグラフでは，本研究で得られた結果を，先行研究の結果と比較しながら議論を行い，結論に至っている．

▶キーワード
・planthopper： ウンカ．ヨコバイは leafhopper.
・neoplastic tissue： 腫瘍組織．

▶重要表現
・similarity between 〜 and …： 〜と…の類似性．
・significant： 著しい，重大な．
・in common： 共通に．
・be transmitted by 〜： 〜によって伝搬される．
・cause： 原因となる，引き起こす．
・infect： 感染する．
・repeated efforts to 〜： 〜するための繰り返された努力．意訳としては「〜するための何度かの試み」など．よく使われる表現である．

3.7.3　論文（iv）の Discussion

The RNA-dependent RNA polymerase in extracts of FDV-induced galls appears to be a transcriptase which transcribes single-stranded RNA from FDV dsRNA. Furthermore, correlation of the transcriptase activity with FDV antigens suggests that the enzyme is an integral part of subviral particles as found in other Reoviridae including reovirus, CPV, WTV, BTV, and RDV (Borsa and Graham, 1968; Shatkin and Sipe, 1968; Lewandowski *et al.*, 1969; Black and Knight, 1970; Verwoerd and Huismans, 1972; Martin and Zweerink, 1972; Kodama and Suzuki, 1973).

　FDV によって誘導された腫瘍の抽出液中の RNA 依存 RNA ポリメラーゼは，FDV dsRNA から一本鎖 RNA を転写するトランスクリプターゼのように思われる．さらに FDV 抗原と転写酵素活性との相関関係は，この酵素がレオウイルス，CPV，WTV，BTV，RDV を含むほかのレオウイルス科に見られるように，亜粒子の絶対必要な一部分であるということを示唆している (Borsa and Graham, 1968; Shatkin and Sipe, 1968; Lewandowski *et al.*, 1969; Black and Knight, 1970; Verwoerd and Huismans, 1972; Martin and Zweerink, 1972; Kodama and Suzuki, 1973)．

▶ 解 説
・この最初のパラグラフでは，得られたいくつかの結果から導き出される論文全体の結論が書かれている．

▶ キーワード
・RNA-dependent RNA polymerase： RNA依存RNAポリメラーゼ．二本鎖RNAウイルスの複製過程では，粒子中に内在するRNA依存RNAポリメラーゼによってゲノムセグメントから全長のmRNAが転写され，転写されたmRNAより種々のタンパク質が翻訳され，それらのタンパク質によって複製が進み，ウイルス粒子が形成される．
・transcriptase： トランスクリプターゼ，転写酵素．ここではRNA-dependent RNA polymeraseのこと．
・transcribe： 転写する．
・activity： 活性．

▶ 重要表現
・appear to 〜： 〜のように思われる．
・correlation： 相関（関係）．
・integral： 絶対必要な．

  Transcriptase of all Reoviridae are remarkably similar in their requirement for Mg^{2+} at a concentration of about 8 mM for maximum activity. This requirement contrasts with transcriptase-containing viruses belonging to other virus groups; viruslike particles with ds-RNA isolated from *Penicillium* sp. require only 5 mM Mg^{2+} for maximum activity (Alaoui *et al.*, 1974; Chater and Morgan, 1974), Rhabdoviruses about 4-6 mM Mg^{2+} (Baltimore *et al.*, 1970; Francki and Randles, 1972) and Myxoviruses are dependent on Mn^{2+} and not Mg^{2+} (Penhoet *et al.*, 1971; Chow and Simpson, 1971). The FDV transcriptase was also stimulated by NH_4^+, about 200 mM being optimum. Apparently little attention has been paid to the effect of monovalent cations on transcriptases of other Reviridae. However, Levin *et al.* (1970) reported that both K^+ and NH_4^+ were able to stimulate the polymerase of reovirus. Van Etten *et al.* (1973) have also shown that the RNA polymerase of the ds-RNA bacteriophage φ6 can be stimulated by the addition of NH_4^+, the optimum concentration being 75-100 mM.

レオウイルス科に属するすべてのウイルスのトランスクリプターゼは，その最大活性のために約 8 mM の濃度の Mg^{2+} を必要とするという点で著しく似ている．この必要性は，ほかのウイルスグループに属するトランスクリプターゼを含むウイルスとは対照的である．たとえばペニシリウム属のある種から分離された二本鎖 RNA を持ったウイルス様粒子は，最大活性のためにわずか 5 mM の Mg^{2+} しか必要とせず（Alaoui et al., 1974; Chater and Morgan, 1974），ラブドウイルスでは約 4〜6 mM Mg^{2+} であり（Baltimore et al., 1970; Francki and Randles, 1972），ミクソウイルスは Mn^{2+} に依存しており，Mg^{2+} には依存していない（Penhoet et al., 1971; Chow and Simpson, 1971）．FDV トランスクリプターゼはまた NH_4^+ によって促進され，約 200 mM が最適であった．レオウイルス科に属するほかのウイルスの転写活性に及ぼす一価の陽イオンの影響については，明らかにこれまでほとんど注意が払われていなかった．しかしながら，Levin et al.（1970）は K^+ と NH_4^+ の両方がレオウイルスのポリメラーゼ活性を促進することができると報告した．また Van Etten et al.（1973）は二本鎖 RNA バクテリオファージ φ6 の RNA ポリメラーゼ活性を，最適濃度が 75〜100 mM である NH_4^+ の添加によって促進することができることを報告している．

▶解　説
・このパラグラフでは，最初に結論を書き，続いてそれをほかのウイルスの場合の結果と対比することで際立たせている．またもう 1 つの結果を，ほかの研究者の先行研究結果と比較している．

▶重要表現
・contrast with 〜：　〜と対照的である．
・little attention has been paid to 〜：　〜にこれまでほとんど注意が払われていなかった．
・monovalent cation：　一価の陽イオン．

3.8　Acknowledgements

論文を作成するにあたって研究に役立つ大事な助言をしてくれた人，著者の研究室にはない機器を使わせてくれた人，特定の試料を分譲してくれた人，研究中あるいは終了後に研究結果の議論に参加してくれた人，著者の論文原稿ま

3.8 Acknowledgements

たは修正原稿にコメントをくれた人，論文原稿の図を描いてくれた人，論文原稿または修正原稿をタイプしてくれた人などが謝辞の対象である．研究費の面で支援を受けた場合，研究費の出所を記し，研究費を受けた著者のイニシャルをカッコ内に書く．特定の著者が奨学金を受けている場合も，奨学金の出所を記し，その著者のイニシャルをカッコ内に書く．

人に対する謝辞の記述では，それぞれの人名に敬称が必要となる．博士号取得者に対しては一律に Dr. でよく，そのほかの場合，男性なら Mr. を，女性なら Ms. を付けるのが好ましい．できるだけ1人ごとに敬称を付けるべきではあるが，分量の圧縮などの要請がある場合には，まとめて Drs. などとすることも認められる．また，教授の場合には Prof. が用いられることもあるが，Dr. ほど一般的ではない．

なお，"Acknowledgements" はイギリス英語で，"Acknowledgments" はアメリカ英語である．どちらを用いるかは投稿先の雑誌に従うこと．

---**コラム11　アメリカ英語とイギリス英語**---

アメリカ英語（American English）とイギリス英語（British English）では，"acknowledgment" と "acknowledgement" のように，同じ意味でもスペルが異なる単語がある．論文の投稿先により，使用する単語のスペルを統一すること．

American English	British English
center, meter, titer	centre, metre, titre
color	colour
localize, organize, dialyze	localise, organise, dialyse
judgment, acknowledgment	judgement, acknowledgement
practice	practise
defense	defence
check, catalog	cheque, catalogue

Acknowledgements は，"We thank" や "The authors thank" などの表現で書き始める．もちろん，著者が1人の場合は "I thank" となる．以降に文例を掲げるので参考にしてほしい．内容は事実を淡々と書くのがよい．

3.8.1 Acknowledgements のセクションがある場合

We thank Dr. J. van Etten and Dr. A. R. Bellamy for their generous gifts of RNA samples; Dr. P. B. Hutchinson for supplies of FDV-infected sugarcane material; Mrs. L. Wichman for drawings and Mr. K. W. Jones for looking after plants. One of us (M. I.) is supported by an Adelaide University Research Grant Scholarship and the project was supported in part by a grant from the Colonial Sugar Refining Co. (論文 (iii))

RNA サンプルの寛大な供与に対して J. van Etten 博士と A. R. Bellamy 博士に，FDV 感染サトウキビ材料の分譲に対して P. B. Hutchinson 博士に，作図に対して L. Wichman 氏に，植物の世話に対して K. W. Jones 氏に感謝する．われわれのうちの 1 人（M. I.）はアデレード大学研究奨学金により，またプロジェクトは一部 Colonial Sugar Refining 社からの助成金によって支援された．

We Thank Mr. N. B. Bajet for assistance and for the protoplast experiments, Dr. P. D. Shaw for comments on earlier draft, Ms. R. Cross for typing the manuscript, and Ms. T. Smetzer for drawings. Research support was from grants (7800549 and 8000087) from the U. S. Department of Agriculture Competitive Research Grants Office and from the Illinois Agricultural Experiment Station (Project 68-366). (Ikegami *et al*., *Proc. Natl. Acad. Sci. USA.*, **78**, 4102-4106, 1981)

補助とプロトプラスト実験に対して N. B. Bajet 氏に，初期の草稿についてのコメントに対して P. D. Shaw 博士に，原稿のタイプに対して R. Cross 氏に，作図に対して T. Smetzer 氏に感謝する．研究はアメリカ農業省競争的研究助成金局からの助成金（7800549 番と 8000087 番）と，イリノイ農業試験所（プロジェクト 68-366）によって支援された．

▶重要表現

・**Grants Office**：　助成金局（助成金を担当する部局）．

We are indebted to Dr. R. H. Symons and his colleagues for giving us, prior to publication, the benefit of their experience with purification of RNA polymerase from cucumber mosaic virus-infected cucumber leaves. We also gratefully acknowledge the excellent technical assistance of Lu Wang. (Ikegami, M. and Fraenkel-Conrat, H. J., *Biol. Chem.*, **254**, 149-154, 1979)

R. H. Symons 博士と彼の共同研究者から，公表に先立って，キュウリモザイクウイルス感染キュウリ葉から RNA ポリメラーゼを精製する際の経験内容の情報を提供していただいたことに感謝する．また，Lu Wang 氏の素晴らしい技術補助に対して深く感謝する．

▶重要表現
- benefit： 恩恵．
- experience： 経験内容（経験によって得た知識）．

3.8.2 Acknowledgements のセクションがない場合

短報など，Acknowledgements のセクションがない論文では，本文から 1 行あけて，"We acknowledge"，"We thank" などで書き始めるとよい．下記の文例を参考にしてほしい．

We acknowledge the collaboration and advice of Dr. K. S. Browning, and thank Drs. C. L. Niblett and R. W. Blakesley for discussions and Dr. P. D. Shaw for comments on an earlier draft. Research was supported by a grant (7800549) from the USDA Competitive Research Grants Office and from the Illinois Agricultural Experiment Station (project 68-366). (Haber, S. *et al.*, *Nature*, **289**, 324-326, 1981)

K. S. Browning 博士の共同研究と助言に謝辞を表する．議論への参加に対して C. L. Niblett と R. W. Blakesley 両博士に，初期の草稿についてのコメントに対して P. D. Shaw 博士に感謝する．研究はアメリカ農業省競争的研究助成金局からの助成金（7800549 番）と，イリノイ農業試験所（プロジェクト 68-366）によって支援された．

3.9 References

Literature cited ともいい，本文中に引用した文献は，すべて最後のこのセクションに書く．

References の作成にあたっては，まず論文を並べる順番が，第一著者名のアルファベット順か，あるいは本文での引用順かを投稿規定でチェックしなければならない．第一著者名のアルファベット順でも，番号を付ける雑誌とそうでないものがある．また同じ学術雑誌でも，原著論文と短報とでは文献リストの書き方が異なっているものもある．注意してほしい．

現在では文献の編集を行ってくれる EndNote（http://www.endnote.com/）や，Reference Manager（http://www.refman.com/）などの便利なソフトがあるが，最終的には自分の目でチェックすることを忘れてはならない．

3.9.1 引用する学術雑誌や書籍の記述の仕方

ここでは，Virology の投稿規定に沿った文例を用いて解説する．

a．雑誌を引用する場合

文献を引用するときの必要な情報は，論文著者名，発行年，論文の表題，雑誌の名前（略記の場合もあり），巻（略号 Vol.），ページの範囲である．これらの情報の並べ方は学術雑誌によって異なるので，投稿規定をチェックすること．

Kon, T., Sharma, P., Ikegami, M., 2007. Suppressor of RNA silencing encoded by the monopartite tomato leaf curl Java begomovirus. *Arch. Virol.* **152**, 1273-1282.

著者は T. Kon, P. Sharma と M. Ikegami の3人で，発行年は 2007 年，論文の表題は "Suppressor of ～ the monopartite tomato leaf curl Java begomovirus" である．雑誌は *Arch. Virol.* で，巻数は 152，掲載されている範囲は 1273～1282 ページである．

雑誌名は短縮形を用いる．*Arch. Virol.* は *Archives of Virology* の短縮形である．発表雑誌名をイタリックにしない雑誌もある．*Virology* の投稿規定では，論文著者名は "Kon, T., Sharma, P., Ikegami, M." と and を使わないが，"Kon, T., Sharma, P., and Ikegami, M." と and を使う雑誌や，Kon T, Sharma P, Ikegami M のように著者名のイニシャルの後にピリオドを付けない雑誌もある．さらに，発表年度がカッコでくくられる雑誌や，発表雑誌の巻数を太字にする雑誌もある．

b. 書籍の特定の章を引用する場合

章の著者名，刊行年，引用する章タイトルを先に書く．続いて "In ～" などとして，書籍の編集者名（後ろには ed., eds. などを付けて編集者であることがわかるようにする），書籍のタイトルを書く．その後には，書籍の発行都市と発行元を書く．ページの範囲は，雑誌によって入れる場所が異なる．著者名や編集者名の書き方，著者名や編集者名のイニシャルの後にピリオドを付けるか付けないか，著者や編集者が複数の場合 and を使うか使わないかも雑誌によって異なるため，規定に沿うようにする．

Ikegami, M., Kon, T., Sharma. P., 2011. RNA silencing and viral encoded silencing suppressors. In: Gaur, R. K., Gafni, Y., Sharma, P., Gupta, V. K.（Eds.）, RNAi technology, CRC Press, New York/Boca Raton/Oxon, pp. 209-240.

著者は M. Ikegami, T. Kon, P. Sharma の 3 人で，2011 年刊行，引用する章の表題は "RNA silencing and viral encoded silencing suppressors" である．本の編集者は R. K. Gaur, Y. Gafni, P. Sharma, V. K. Gupta の 4 人で（そのため Eds. と複数形になっている），本の表題は RNAi technology である．出版社は CRC Press で，所在地は New York, Boca Raton, Oxon の 3 か所にある．最後はページの範囲で，209～240 ページである．

c. 学位論文を引用する場合

著者名，公表年，表題，学位が授与された大学名と大学の所在地（市，区または州，国，大学名の順が多い），学位論文の種類を書く．

Al-Kiyumi, K. S., 2006. Greenhouse cucumber production systems in Oman: A study on the effect of cultivation practices on crop diseases and crop yields. Reading, UK, University of Reading, Ph. D. Thesis.

著者は K. S. Al-Kiyumi で，2006 年に公表，学位論文の表題は "Greenhouse cucumber ～ and crop yields" である．学位が授与された大学は UK（イギリス）の Reading にある University of Reading で，博士論文であるため最後に Ph. D. Thesis と記載する．

d. 学会の proceedings（講演予稿集）を引用する場合

著者名，発表年，講演の表題を書き，"In ～" などとして，予稿集の編集者（いれば），学会の名前，学会の開催日，学会が開催された場所（市，区または州，国），ページの範囲を，規定の順番に書く．

Zielenski, D., Sadowski, C. A., 1995. Preliminary study on *Verticillium dahlia* Kleb in winter oilseed rape in Poland. In: Murphy D. (Ed), Proc. 9th International Rapeseed Conference, 4-7 July 1995. Cambridge, UK, pp. 649-651.

著者は D. Zielenski と C. A. Sadowsk の 2 人で，1995 年に発表，講演の表題は "Preliminary study ～ in Poland" である．講演予稿集の編集者は D. Murphy で，講演予稿集のタイトルは Proc. 9th International Rapeseed Conference である．学会は 1995 年の 7 月 4～7 日，UK の Cambridge で開催された．掲載されている範囲は 649～651 ページである．

Virology の規定によれば，学会の proceedings の著者名は "Zielenski, D., Sadowski, C. A." と and を使わないが，学術雑誌によっては "Zielenski, D., and Sadowski, C. A." と and を使う場合や，発表年度がカッコでくくられる場合，発表雑誌の巻数を太字にする場合もあるので，投稿規定をチェックすること．

e. ウェブサイトを引用する場合

著者名，公表年，表題，ウェブサイトのアドレスを，規定の順番に書く．アドレスの後に，内容を確認した年月日を入れる場合もある．

Clear, R., Patrick, S., 2007. *Fusarium* head blight in Western Canada: The distribution of *F. graminearum* and soil zones on the praities. Internet Resource: http://grainscanada.gc.ca/Pubs/fusarium/maps_graminearum-e.htm (verified Aug 10, 2007).

f. 日本語で書かれている論文を引用する場合

論文の日本語タイトルを英語に訳し，英語タイトルの後に "in Japanese" と書く．英語要旨が付いている場合には，"in Japanese with English abstract" と

する．英語の雑誌名がない場合には，日本語の雑誌名をローマ字書きし，日本語の原文を読みたい読者がその論文を検索できるようにする．

Ikegami, M., 2007. *Geminiviridae*（in Japanese）. *Shokubutsu Boueki* **61**, 41-45.

3.9.2　References のスタイル
　a.　原著論文の References

Virology では，原著論文の References の書き方は次のように規定されている．

・第一著者名のアルファベット順に並べる．もし，第一著者の複数の論文を引用する場合には，発表年度の古い順に並べる．

・第一著者の複数の論文が同じ年度に発表されている場合は，第二著者名のアルファベット順に並べる．

REFERENCES

Black, D. R., Knight, C. A., 1970. Ribonucleic acid transcriptase activity in purified wound tumor virus. *J. Virol.* **6**, 194-198.

Francki, R. I. B., Grivell, C. J., 1972. Occurrence of similar particles in Fiji disease virus-infected sugar cane and insect vector cells. *Virology* **48**, 305-307.

Francki, R. I. B., Habili, N., 1972. Stabilization of capsid structure and enhancement of immunogenicity of cucumber mosaic virus（Q strain）by formaldehyde. *Virology* **48**, 309-315.

Francki, R. I. B., Jackson, A. O., 1972. Immunochemical detection of double-stranded ribonucleic acid in leaves of sugar cane infected with Fiji disease virus. *Virology* **48**, 275-277.

Ikegami, M., Francki, R. I. B., 1973. Presence of antibodies to double-stranded RNA in sera of rabbits immunized with rice dwarf and maize rough dwarf viruses. *Virology* **56**, 404-406.

▶解　説

・同じ著者が同じ年に刊行した複数の論文を引用する場合には，年度の後

■ に a, b, …を付けて区別する.

Ikegami, M., Fraenkel-Conrat, H., 1978a. RNA-dependent RNA polymerase of tobacco plants. *Proc. Natl. Acad. Sci. USA* **75**, 2122-2124.
Ikegami, M., Fraenkel-Conrat, H., 1978b. RNA-dependent RNA polymerase of cowpea. *FEBS letters* **96**, 197-200.

b. 短報の References

Virology の短報の References の書き方を次に示す. 引用の順番で番号を付けて並べ, 原著の References と違って論文の表題は書かない.

REFERENCES

1. Wildy, P., 1971. *Monogr. Virol.* **5**, 44.
2. Lovisolo, O., 1971. *C.M.I./A.A.B. Descriptions of Plant Viruses No.* 72.
3. Hutchinson, P. B. Francki, R. I. B., 1973. *C.M.I./A.A.B. Descriptions of Plant Viruses* (in press).
4. Schwartz, E. F., Stollar, B. D., 1969. *Biochem. Biophys. Res. Commun.* **35**, 115-120.
5. Schur, P. H., Monroe, M. 1969. *Proc. Nat. Acad. Sci. USA* **63**, 1108-1112.

いくつかの学術雑誌の文献リストを見比べてみると, 著者が複数の場合に and を使うかどうか, 著者名のイニシャルの後にピリオドを付けるかどうか, 発表年度はカッコでくくるかどうか, カッコでくくった発表年度にピリオドを付けるかどうか, 発表雑誌名はイタリックにするかしないか, 発表雑誌名は略称にするかしないか, 発表雑誌の巻数は太字にするかどうか, 巻数の後はピリオドかコロンか, など多様な形式がある. 投稿しようとしている論文の投稿規定に従うようにする.

3.9.3 本文中での Reference の引用の仕方

本文中での文献の引用の仕方も雑誌により異なる. 投稿しようとしている雑誌の投稿規定に従うようにする.

a. 本文では引用文献の著者名と発行年を記す．著者が2名の場合は両者とも記し，3名以上の場合は第一著者を記し，第二著者以降は *et al.* で表す．

Immunological tests, using antiserum to polyinosinic: polycytidylic acid (poly(I):poly(C)), indicated that FDV contains double stranded (ds)-RNA (Francki and Jackson, 1972; Ikegami and Francki, 1973).

▶重要表現
・indicate： ～を示す，明らかにする．

The particles measured about 55-60 nm in diameter and it was concluded that they were derived by degradation of intact virus particles, 70 nm in diameter (Giannotti *et al.*, 1968; Teakle and Steidl, 1969; Francki and Grivell, 1972).

b. 本文では引用文献番号のみを記す雑誌もある．*Archives of Virology* の References では，第一著者名のアルファベット順に並べ，番号が付いている．
References では，

References
1. Baulcombe DC, Chapman SN, Santa Cruz S (1995) Jellyfish green fluorescent protein as a reporter for virus infections. *Plant J* 7: 1045-1053
2. Bisaro DM (2006) Silencing suppression by geminivirus proteins. *Virology* 344: 158-168
  ………
6. Fauquet CM, Briddon RW, Brown JK, Moriones E, Stanley J, Zerbini M, Zhou X (2008) Geminivirus strain determination and nomenclature. *Arch Virol* 153: 783-821

といった表記になっており，本文で引用する際は，

They belong to the family *Geminiviridae*, which is composed of four genera:

Mastrevirus, Curtovirus, Topocuvirus and Begomovirus [6].

のように番号で文献を引用する．

3.9.4 引用文献でよく用いられる表記

・in press： 論文が印刷中の場合，引用文献リストでは雑誌名の後に"(in press)"と記す．

・submitted for publication / in submission： 論文の投稿中で，受理されるかどうかまだわからない段階にはこう記す．なお，受理されていないので業績にはならない．

・to be published： 論文を投稿する予定であることを表す．

・under preparation： 論文を作成中であることを表す．

・personal communication： （まだ論文にしていない情報などの）私信．

3.10　Figure, Table

科学英語論文の結果を書き始める前に，論文に掲載する Figure（図，写真を含む）や Table（表）を作成することは大切である．作成された図や表を見ながら結果を書くと，何を書かなければならないかがはっきりわかる．研究者の中には，図表と図表のタイトル（title），およびその説明（caption / legend）を見て，全体を読むかどうかを決める人もいるので，理解しやすい図表の作成が重要である．

図や表を作成するときには，次のような点に注意したい．

・本文を読まなくても図表の内容が理解できるように，図の説明や図の注釈を書くことが重要である．

・論文の本文中で引用する順番に，Fig. 1, Fig. 2, Fig. 3, …, Table 1, Table 2, Table 3, …, のようにアラビア数字を付けて，その後に図や表のタイトルを書く．Figure は Fig. のように略称を用いる．

・図のタイトルは，トピックワードを中心とした名詞句で作成する．冒頭だけでなくすべての the を省く場合と，冒頭以外は必要に応じて the を付ける場

合の 2 通りがある．タイトルの最後にはピリオドを付ける．

・表のタイトルは，図のタイトルと同じようにトピックワードを中心とした名詞句で作成し，冒頭だけでなくすべての the を省く場合と，冒頭以外は必要に応じて the を付ける場合の 2 通りがある．タイトルの最後にはピリオドを付けない．

・図のタイトルの後には説明（legend）を書く．説明は必要に応じて the を付ける．説明の最後にはピリオドを付ける．

・表の注釈は表の下に書く．注釈は必要に応じて the を付ける．注釈の最後にはピリオドを付ける．

・刊行された論文では，図のタイトルと説明は図の下に，表のタイトルは表の上に付く．

なお，*Virology* では図の説明の最後に句読点を付けるが，句読点を付けない *Archives of Virology* のような学術雑誌もあるので，投稿規定を確認すること．

以下に図表の例を示す．図 1 は論文（iii）より引用．表 1 は "Ikegami, M. *et al.*, *Proc. Natl. Acad. Sci. USA*, **78**, 4102-4106, 1981." より引用．

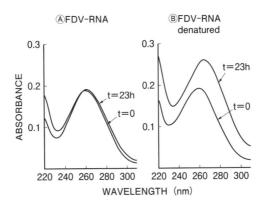

Fig. 1. Reaction of native (A) and heat denatured (B) FDV-RNA with formaldehyde. The ultraviolet spectra of phenol-SDS-prepared RNA in 0.1 M NaCl was examined after 23 hr incubation at 37° ($t=23$) in the presence of 1.8% formaldehyde. The absorbance at zero time ($t=0$) is that measured before the addition of formaldehyde.

図 1. 自然のままの（熱変性していない）FDV-RNA（A）あるいは熱変性した FDV-RNA（B）とホルムアルデヒドとの反応．0.1 M NaCl に溶解した，フェノール・SDS 法抽出 RNA を 1.8% ホルムアルデヒドと混合して 37℃，23 時間（$t=23$）放置後の紫外線スペクトルを測定した．0 時間（$t=0$）の吸光度はホルムアルデヒドの添加前に測定したものである．

▶ 解　説
・一本鎖核酸は遊離のアミノ基を持っているため，ホルムアルデヒド処理すると，遊離のアミノ基がホルムアルデヒドと反応して吸光度の上昇が見られる．一方，二本鎖核酸は遊離のアミノ基がないため，吸光度の上昇は見られない．**FDV-RNA** はホルムアルデヒド処理しても吸光度の上昇は見られないが，熱変性した **FDV-RNA** は吸光度の上昇が見られる．この結果から，**FDV-RNA** は二本鎖であると結論した．

Table 1.　Effect of nucleases on BGMV-specific dsDNA*

Treatment	Radioactivity,[†] cpm			
	1	2	3	4
None	1084	966	894	935
Phosphodiesterase I	ND	—	891	916
DNase I	—	116	—	—
Nuclease S1	865	1058	—	—
RNase A	997	738	—	—
Heated (100℃, 10 min), quick-cooled, then nuclease S1	72	91	—	—
Heated (100℃, 10 min), quick-cooled, then RNase A	980	801	—	—

ND, not determined.
*Nucleic acids in fraction 9-14 in Fig. 1 were pooled, precipitated with ethanol, suspended in an appropriate buffer, and tested as described.
[†]Radioactivity in trichloroacetic acid-precipitated material after nuclease treatment (four experiments).

表 1．BGMV に特異的な二本鎖 DNA に対するヌクレアーゼの影響*
脚注の訳：　ND：測定が行われていない．
　*図 1 における分画 9～14 内の核酸を回収し，エタノールで沈殿し，適切な緩衝液で懸濁し，（表に）記載されているように試験を行った．
　[†]ヌクレアーゼ処理後のトリクロル酢酸で沈殿する物質（核酸）の放射能（実験は 4 回実施）．

▶キーワード

・nuclease： ヌクレアーゼ，核酸分解酵素．核酸の分解に関与するすべての加水分解酵素の総称をいう．

・phosphodiesterase I： ホスホジエステラーゼ I．ヌクレオチド間のホスホジエステル結合を特異的に分解する酵素．

・nuclease S1： ヌクレアーゼ S1．一本鎖 DNA や一本鎖 RNA を切断するエンドヌクレアーゼ．

・DNase： DNA 分解酵素．DNA に特異的に作用し，ホスホジエステル結合を加水分解することにより，DNA を分解する酵素．

・RNase A： ウシの膵臓から分離された RNA 分解酵素．RNA の内部に作用するエンドヌクレアーゼ．

▶重要表現

・effect of 〜 on …： …に対する〜の影響．

・appropriate： 適切な．

[池上正人]

第4章
作物・園芸学分野における科学論文ライティングの実際

本章では園芸分野の国際雑誌である *Journal of Horticultural Science & Biotechnology* より，Hisamatsu, T. and Koshioka, M.（2000）. Cold treatments enhance responsiveness to gibberellin in stock（*Matthiola incana*（L.）R. Br.）. **75**, 672-678（低温処理はストックにおいてジベレリンに対する応答性を高める）を例文として引用し解説する．

4.1 Abstract

Abstract は論文要旨を記載したものであり，実験の結果と結論がおおよそ150～300語で簡潔に書かれている．論文によっては，Summary（要約あるいは概要）が Abstract の代わりに用いられることがある．例とした論文では Summary が記載され，単語数約170語で結果と結論が述べられている．

　Endogenous GAs have been suggested as regulators of stem elongation and flowering of cold-requiring plants. Here, the relationship between temperature conditions and responsiveness to GA_4 on stem elongation and flowering of stock (*Matthiola incana*) was investigated. The optimum temperature for induction of flower bud initiation was 10℃, and the minimum duration was 20 d in the late flowering cv. Banrei; the type of cold treatment effect on flowering was classified as a "direct effect". Stem elongation was markedly promoted by cold treatment regardless of flower bud initiation. The cold treatment amplified the stem elongation response to GA_4. The GA_4 level necessary for flower bud initiation was lower in the 10℃ treatment than in the 15℃ treatment, and it became lower at longer durations of cold treatment. These results indicate that the cold treatments enhance responsiveness to GA₄ not only in the stem elongation process but also in the flower bud initiation process and that the development of responsiveness to GA₄ may correlate with the temperature and duration of cold treatment.

　内生のジベレリン（GA）が低温要求性植物の茎伸長と開花の調節因子として示唆されている．ここでは，ストック（*Matthiola incana*）の茎伸長と開花に及ぼす温度条件と GA₄ に対する応答性との関係を調べた．花芽分化の誘導のための最適温度は 10℃ で，最小低温処理期間は晩生品種'晩麗'で 20 日であった．開花に及ぼす低温処理効果の種類は，"直接作用"として分類された．茎伸長は花芽分化に関係なく低温処理によって著しく促進された．低温処理は GA₄ に対する茎伸長反応を増幅した．花芽分化に必要な GA₄ 量は 15℃ 処理よりも 10℃ 処理でより低い値であった．これらの結果は，低温処理が茎伸長過程のみならず花芽分化過程において GA₄ への応答性を向上させるとともに，GA₄ に対する反応性の発達が低温とその処理期間とに相関するかもしれないことを示している．

▶ 解　説

・GAs の GA は植物ホルモンの一種である gibberellin（ジベレリン）の略語であり，s は複数形を意味する．現在 136 種類のジベレリンが発見されているが，そのうち生理活性を有するのは GA₁, GA₃, GA₄, GA₇ などの数種にすぎない．ジベレリンは発見された順に番号が付与される．

・the late flowering cv. Banrei は晩生品種'晩麗'を意味する．cv. は cultivar の略で植物分類学上の品種を意味する．しかし現在では，栽培品種を意味する場合はクオーテーションマーク' 'で表すこととなった．したがって，cv. Banrei は 'Banrei' と記載する．

・direct effect とは低温の直接的な効果を意味し，植物の種子あるいは実生が低温遭遇中に花芽分化を起こすことを，低温の直接効果と呼ぶ．一方，低温遭遇後の温暖条件において花芽分化を起こすことを低温の後作用（after effect）と呼び，このような現象を春化（vernalization）と呼ぶ．

・cold treatment とは低温処理をいう．chilling treatment, low temperature treatment ともいう．ある種の植物では花芽分化に一定期間の低温遭遇を必要とするため，低温処理は花芽分化促進技術として用いられる．英語的に

は，低温処理という「方法論」を意味する場合と，たとえば，5℃ で 2 週間とか，20℃ で 30 日などの「個々の処理手段」を意味する場合がある．このとき，方法論を示す場合は単数形が，異なる処理手段を示す場合は複数形が用いられる．

▶キーワード

・endogenous： 内生の．ここでは「植物が生産する」という意味である．
・cold-requiring plants： 低温要求性植物．花芽分化に一定期間の低温遭遇を必要とする植物をいう．
・GA_4： ジベレリン A_4．生理活性を有するジベレリンの 1 つ．
・stock： ストック（花卉の名称の 1 つ）．
・*Matthiola incana*： ストックの学名．

4.2　Introduction

Introduction では研究に至った経緯，その分野での研究の現状を記載し，最後に，研究の目的あるいは結論を記載して締めくくる．例とした論文の Introduction は次の 3 つのパラグラフからなっている．

a.　第 1 のパラグラフでは研究対象である植物について述べている．

Matthiola incana, a member of the Cruciferae, is an important ornamental plant in Japan. This species requires low temperatures and long days for flowering. Genetic variations are observed in flowering time that could be attributed to differential sensitivity to low temperature and daylength, and to varying lengths of the juvenile phase (Heide, 1963; Fujita, 1989). A low-temperature requirement for flowering, in general, is more stringent for late-flowering cultivars than for early-flowering ones, as shown in various ornamental crops.

ストックは，日本ではアブラナ科の重要な観賞植物である．この種は，開花に低温と長日を必要とする．遺伝的変異が開花時期に見られるが，それは低温と日長に

対する異なる感受性や異なる幼若相期間に起因するものである（Heide, 1963; Fujita, 1989）．一般的に，様々な観賞用作物において開花のための低温要求は，早生品種よりも晩生品種にとってより重要性がある．

> ▶解　説
> ・**low temperatures and long days for flowering** とは，開花（花芽分化）の条件として，一定期間の低温遭遇と長日（ある一定時間以上の日照や次第に日照時間が長くなる）条件の両方が必要とすることを意味する．このような要求性は植物により異なる．
> ・**juvenile phase** とは幼若相と訳し，種子発芽した植物において，ある一定の葉齢に達するまでは栄養成長を続け，どのような好適環境条件を与えられても花芽分化をしない生育相をいう．
> ・3行目の **could** は，「完全な証明はないが，以下の事象に起因すると考えられている」というニュアンスで用いている．
>
> ▶キーワード
> ・**Cruciferae**：　アブラナ科．**Brassicaceae** と記載されることもある．
> ・**species**：　種．生物分類学上の基本単位である．単数も複数も同じ綴りである．

b.　第2のパラグラフでは話題の核心となるジベレリンの植物応答について述べている．

It has been suggested that endogenous gibberellins (GAs) regulate the stem elongation and flowering of cold-requiring plants because application of exogenous GAs can partly substitute for cold treatments (Zeevaart, 1983; Pharis and King, 1985) and plants exposed to low temperatures often produce more GA after return to higher temperatures than those without cold treatment (Hazebrook *et al.*, 1993; Zanewich and Rood, 1995; Nishijima *et al.*, 1998). However, participation of GAs in the flowering of cold-requiring plants is still in dispute. In addition, cold treatments have been suggested to enhance sensitivity and/or responsiveness to GAs in *Tulipa gesneriana* (Hanks, 1982), *Thalaspi arvense*

(Metzger, 1985) and *Raphanus sativus* (Nakayama *et al*., 1995; Nishijima *et al*., 1997).

　内生のジベレリン（GA）は低温要求性植物の茎伸長と開花を調節することが示唆されている．その理由として，GA 処理は低温処理の一部を代替できる（Zeevaart, 1983; Pharis and King, 1985）ことや，低温を受けた植物はしばしば低温を受けていない植物よりも低温後の高温においてより多くの GA を生産する（Hazebroek *et al*., 1993; Zanewich and Rood, 1995; Nishijima *et al*., 1998）ことがある．しかし，低温要求性植物の開花における GA の関与は，まだ論争中である．さらに，チューリップ（Hanks, 1982），グンバイナズナ（Metzger, 1985）とダイコン（Nakayama *et al*., 1995; Nishijima *et al*., 1997）において，低温処理が GA に対する感受性および／あるいは反応性を高めることが示唆されている．

▶キーワード
・exogenous：外生の，外因性の．endogenous に対する語である．exogenous GA とは外から与えた GA，すなわち GA 処理を意味する．
・*Tulipa gesneriana*：　チューリップの学名．
・*Thalaspi arvense*：　グンバイナズナの学名．
・*Raphanus sativus*：　ダイコンの学名．
▶重要表現
・in dispute：　論争中，未解決．under dispute とも書かれる．
・and/or：　前後の両方とも，少なくとも一方の．

c．第3のパラグラフでは，著者らの研究の経緯とこの論文で実施した内容を記載している．

　In previous studies, we suggested that both the early-C13-hydroxylation and the non-C13-hydroxylation pathways of GA biosynthesis were functioning in *M. incana* (Hisamatsu *et al*., 1998a) and that GA_4 on the non-C13-hydroxylation pathway was the most active GA in promoting stem elongation and flowering *per se* (Hisamatsu *et al*., 2000). At high temperature, GA promoted stem elongation but flower bud initiation was not consistent in the cold-requiring *M. incana* (Hisamatsu *et al*., 1998b). Fujita (1989) suggested that *M. incana* could flower at temperatures higher than the optimum for flower bud initiation when treated with GA. It seems that the active GA level necessary for flowering is variable, depending on the growth conditions. Therefore, we investigated the relationship between growing temperature conditions and responsiveness of stem elongation and flowering to GA_4 in *M. incana*.

以前の研究で,われわれはストックにおいて GA 生合成の早期 13 位水酸化経路と 13 位非水酸化経路の両方が機能していること (Hisamatsu *et al.*, 1998a),また 13 位非水酸化経路上の GA_4 が茎伸長と開花を促進するうえで本質的に最も活性のある GA であること (Hisamatsu *et al.*, 2000) を示唆した.低温要求性のストックでは,GA は高温において茎伸長を促進したが花芽分化は伴わなかった (Hisamatsu *et al.*, 1998b).Fujita (1989) は,ストックが GA 処理されたときには,花芽分化に最適な温度よりも高い温度において開花できることを示唆している.このように,開花に必要な活性 GA 量は成長条件に応じて可変であると思われる.したがって,われわれはストックにおける生育温度条件と GA_4 に対する茎伸長と開花の反応との関係を研究した.

▶解 説
・*M. incana* は本来なら *Matthiola incana* と記載するのだが,属名が既出の場合には簡略化(属名の頭から 1〜2 字+ピリオド)が可能である.なお,種名の *incana* は簡略化できない.
・the early-C13-hydroxylation and the non-C13-hydroxylation pathways of GA biosynthesis とは GA 生合成の早期 13 位水酸化経路と 13 位非水酸化経路を意味する.生理活性 GA の 1 つである GA_1 に至る生合成経路が早期 13 位水酸化経路であり,GA_4 に至る生合成経路が早期 13 位非水酸化経路である.活性 GA を生産する GA 生合成経路は植物によって異なる.

▶キーワード
・active GA level: 活性 GA 量.生物活性を有する GA の量をいう.

▶重要表現
・*per se*: 本質的に,それ自体.

4.3 Materials and Methods

　Materials and Methods（雑誌によっては Methods のみの場合もある）では，特に栽培や薬剤処理の多い本分野では，実験項目がいくつもある場合に，栽培あるいは薬剤処理ごとに説明を記載する場合と処理項目ごとに説明を記載する場合がある．記載の仕方は雑誌により指定される場合もある．例とした論文では，実験項目が栽培実験ごとに分けられて，4つのパラグラフで構成されている．

Experiment 1. Effects of temperatures on flowering and stem elongation
　「実験 1．開花と茎伸長に及ぼす温度の影響」

Experiment 2. Effects of low temperatures on response of stem elongation to GA
　「実験 2．茎伸長の GA 応答性における低温の影響」

Experiment 3. Effects of temperatures and GA levels on flowering
　「実験 3．開花に及ぼす温度と GA 量の影響」

Experiment 4. Effects of duration of cold treatment and GA levels on flowering
　「実験 4．開花に及ぼす低温処理期間と GA 量の影響」

例とした論文では，いずれのパラグラフにも栽培方法と実験方法が記載され，すべてが同じ出だし "Seeds of late-flowering *Matthiola incana* cv. Banrei were sown in plug trays …"（ストックの晩生品種'晩麗'の種子をプラグトレイに播種し，…）で始まる．また，第1パラグラフでは詳しく栽培条件が述べられるが，第2，第3，第4パラグラフでは，"as described in Expt. 1"（実験1で述べたように）と続く．その後さらに，それぞれのパラグラフに特有の実験が詳しく述べられている．

4.4 Results

Results は，客観的に結果のみを記述することが肝要である．4.3 節での例文のように，Materials and Methods において栽培あるいは薬剤処理ごとに説明が記載されている場合は，Results においてもパラグラフごとに，栽培あるいは薬剤処理ごとに結果が述べられる場合もある．例とした論文の Results は Materials and Methods に対応して 4 つのパラグラフで構成されているが，ここでは第 3 パラグラフを記載する．

Experiment 3. Effects of temperatures and GA levels on flowering

In the 10℃ treatment, all control plants initiated flower buds (Figure 5). Application of UCZ completely inhibited flower bud initiation. The inhibition of flower bud initiation by UCZ was reversed by GA_4 treatments. The floral stage was more advanced as GA_4 dosage increased from 0.05 to 5 μg per plants. Non-flowering plants initiated about 100 leaves by the end of experiment (Table I). Flowering plants initiated about 75 leaves, regardless of GA_4 dosage. In the 15℃ treatment, only 33% of the control plants initiated flower buds (Figure 5). Application of UCZ completely inhibited flower bud initiation as in the 10℃ treatment. The inhibition of flower bud initiation by UCZ was reversed by GA_4 treatments, except with 0.05 μg of GA_4. The floral stage was more advanced as GA_4 dosage increased from 0.5 to 5 μg per plant. Non-flowering plants initiated about 100 leaves at the end of experiment (Table I). In flowering plants, initiated leaves became fewer as GA_4 dosages increased.

実験 3．開花に及ぼす温度と GA 量の影響

10℃ 処理では，対照植物のすべてが花芽分化した．UCZ の処理は花芽分化を完全に阻害した．UCZ による花芽分化の阻害は GA_4 処理によって反転した．花芽分化の度合いは GA_4 投与量が植物あたり 0.05〜5 μg の間で GA_4 量の増加に応じてより進んだ．非開花植物では実験終了時に約 100 枚の葉を展開した（表 I）．開花した植物では，GA_4 処理量にはかかわらず約 75 枚の葉を展開した．15℃ 処理では，対照植物の 33% のみが花芽分化した（図 5）．UCZ の投与は 10℃ 処理時と同様に花芽分化を完全に阻

害した.UCZによる花芽分化の阻害は GA_4 の 0.05 µg を除いて,GA_4 処理によって反転した.花芽分化の度合いは GA_4 処理量が植物あたり 0.5〜5 µg の間で GA_4 量の増加に応じてより進んだ.非開花植物では実験終了時に約 100 枚の葉を展開した(表1).開花した植物では,GA_4 処理量が増加するにつれて展開葉数は少なくなった.

▶解　説
・ここでは,異なる栽培温度において対照植物とは別に,植物自身が生産する GA_4 の影響を除くために,GA 生合成阻害剤で処理したときの花芽分化の度合いと展開葉数の状況,GA 生合成阻害剤で処理した植物に量の異なる GA_4 を処理したときの花芽分化の度合いと展開葉数の状況を記載している.草本性植物ではその成長過程において,茎(枝)頂での葉分化(栄養成長)後に花芽分化(生殖成長)が続くが,一般的には,茎頂が花芽分化に転じた後で再び葉分化することはない.その結果,早く花芽分化した茎では遅く花芽分化した茎に比べて,展開葉枚数は少なくなる.したがって,このパラグラフの最後に記載されている「開花した植物では,GA_4 処理量が増加するにつれて展開葉数は少なくなった.」とは,GA_4 処理量が増加するにつれて,花芽分化が促進されていることを意味している.

▶キーワード
・UCZ:　GA 生合成阻害剤である Uniconazole-P(ウニコナゾール-P)の略.GA 生合成の早い段階を阻害するので,すべての活性 GA の生成が抑制される.
・floral stage:　花芽分化の進行程度を表したもの.走査型電子顕微鏡などを用いて茎頂の形態変化を数値で示すことが多い.

4.5　Discussion

　Discussion では,得られた結果から自分の考えや他者の研究結果をもとに,納得できる結論を導く.例とした論文の Discussion は 6 つのパラグラフからなるが,各パラグラフにおいてそれぞれの実験結果と他者の研究結果とを比較あるいは引用し,独自性はあるが納得できる結論を構築している.ここに示す最後のパラグラフでは,結論を述べるとともに,今後の研究の展開についても

記載している.

　　Thus, the responsiveness to GA is enhanced by cold treatment in the stem elongation and the flower bud initiation processes of *M. incana*. Recently, a model for the interaction of a MADS box gene, *FLC* (*FLF*) and the effect of cold treatment was presented for *Arabidopsis* (Sheldon *et al.*, 1999; Michaels and Amasino, 1999). The *FLC* product may act to block the promotion of flowering by GA, and its activity is negatively regulated by cold treatment. This model suggests that the development of responsiveness to GAs is related to a decrease in repressing factors on the GA signal transduction pathway. Further studies will reveal why the responsiveness to GA is enhanced by cold treatment in *M. incana*.

　このように，GA に対する応答性は，ストックの茎伸長と花芽分化の過程において低温処理によって高められる．近年，MADS ボックス遺伝子の１つである *FLC* (*FLF*) と低温処理の効果の相互作用を示すモデルが，シロイヌナズナにおいて提示された (Sheldon *et al.*, 1999; Michaels and Amasino, 1999). *FLC* 遺伝子産物は GA による開花の促進を阻止するように働いているのかもしれない．またその活性は低温処理によって負に制御される．このことは，GA に対する反応性の発達が GA のシグナル伝達経路上の抑制要因の減少に関連していることを示唆している．さらなる研究により，GA に対する反応性がストックにおいて低温処理によって強められる理由が明らかになるだろう．

▶キーワード

・**MADS box gene**：　MADS ボックス遺伝子．植物のいろいろな発生過程にかかわる転写因子の遺伝子である．

・***FLC***：　*FLOWERING LOCUS C* 遺伝子の略．花芽分化を抑制する働きがあるとされる．遺伝子シンボルは大文字のイタリック体（斜体）で示す．一方，遺伝子産物であるタンパク質は，FLC のように大文字の立体で示す．さらに，特定遺伝子の変異体は，*flc* のように小文字の斜体で示す．

・***Arabidopsis***：　シロイヌナズナ属．アラビドプシス属ともいう．モデル実験植物として広く利用される．

4.6　補　　足

4.6.1　Acknowledgements

基本的な形式は3.8節を参照.

近年,外部資金の獲得により実施された研究には,その資金の出所を明記することが義務付けられている.たとえば,文部科学省科研費の場合は,"This work was supported by the Ministry of Education Culture, Sports, Science and Technology of Japan (Grants-in-Aid for Scientific Research (A) No.…)",日本学術振興会の場合は,"by the Japan Society for the Promotion Science (Grants-in-Aid for Scientific Research No.…)",農林水産省の場合は,"by the Ministry of Agriculture, Forestry and Fisheries of Japan (Grant No.…)"などとなる.

4.6.2　Figure, Table

図,表は,それ自身である程度の内容を理解できるように作成する必要がある.近年では,図表のタイトルの記載に加えて,当該図表における実験の概要が加えられることもある.

ここでは,例とした論文のFig. 5とTable Iを引用した.

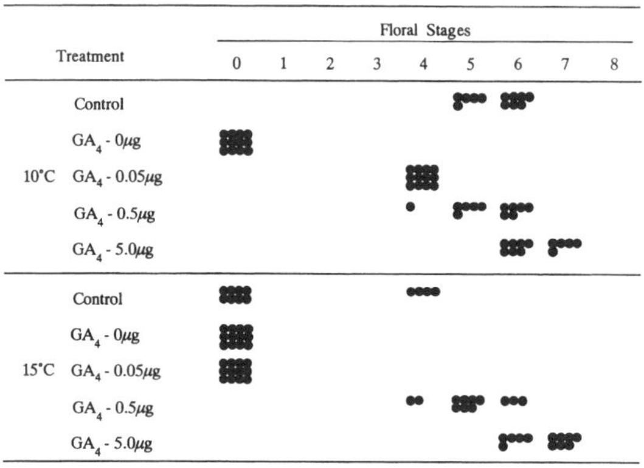

Fig. 5　Effects of temperatures on flowering response to GA_4 of *Matthiola incana*

cv. Banrei (Expt. 3). Ten ml of UCZ (100 mg l^{-1}) solution was applied twice to the medium 1 and 2 weeks before cold treatment. Ten μl of TNE (0.1 μg μl^{-1}) and GA$_4$ (0, 0.0025, 0.025 or 0.25 μg μl^{-1}) were applied to shoot tips of the plants. TNE was applied 3 d before cold treatment and applied again 2 d after the first treatment. GA$_4$ were applied 1 and 3 d after the first TNE treatment. No chemicals were applied to the control plants. One circle indicates one plant.

図5．ストック品種'晩麗'のGA$_4$に対する開花応答における温度の影響（実験3）．
UCZ（100 mg/L）溶液10 mlが低温処理1週間前と2週間前の2回培地に処理された．TNE（0.1 μg/μl）溶液とGA$_4$（0，0.0025，0.025または0.25 μg/μl）溶液の10 μlが，植物の茎頂に処理された．TNEは低温処理3日前に処理された．さらに最初の処理から2日後に再び処理された．GA$_4$は，最初のTNE処理から1日後と3日後に処理された．対照植物には化学物質は処理されなかった．1つの●印は1つの植物を示している．

▶解　説
・UCZで内生GAの生合成を抑制した植物に，さらにGA$_4$の代謝阻害剤であるTNEを処理することで，GA$_4$に対する植物本来の反応を知ることを目的としている．花芽分化程度が図示されているので，温度およびGA$_4$処理による花芽分化程度が目視的に理解できる．
・本図でのfloral stageは，ステージ0：葉分化，1：ドーム形成，2：小花原基分化，3：萼片・花弁分化，4：雄蕊・雌蕊分化，5：雄蕊・雌蕊発達，6：前期花弁発達，7：後期花弁発達，8：開花，となっている．

▶キーワード
・TNE：　GA生合成阻害剤であるTrinexapac-ethyl（トリネキサパックエチル）の略．高濃度では活性GAの生合成を阻害し，低濃度では活性GAの代謝を阻害する．

Table I　Effects of temperatures and GA$_4$-levels on total leaf number of *Matthiola incana* cv. Banrei (Expt. 3). The solutions of UCZ, TNE and GA$_4$ were applied to plants as described in Figure 5. No chemicals were applied to the control plants. Values are mean ±SE (n=12).

	10℃		15℃	
Treatment	Flowering	Non-flowering	Flowering	Non-flowering
Control	76.8±1.0	—	90.8±2.1	107.4±1.7
GA_4-0 μg	—	102.3±1.4	—	105.3±1.3
GA_4-0.05 μg	76.3±1.1	—	—	100.4±1.4
GA_4-0.5 μg	73.3±1.3	—	80.3±1.2	—
GA_4-5 μg	75.4±1.1	—	72.7±1.4	—

表1 ストック品種'晩麗'の葉数に及ぼす温度とGA₄量の影響（実験3）．UCZ，TNEおよびGA₄の溶液が図5に示すように植物に処理された．対照植物には化学物質は処理されなかった．それぞれの値は平均値±標準誤差（個数12）で示される．

▶解　説

・花芽分化の早晩は葉数で知ることもできる．すなわち，花芽分化が早いときは葉数が少なく，花芽分化が遅くなるに従い葉数が増加する．ここでは，処理の違いによる葉数の増減と開花の有無が，如実に現れている．

・"Flowering"は開花株を意味し，"Non-flowering"は非開花株を意味する．

4.7　主要ジャーナル

・作物学分野

European Journal of Agronomy

Field Crop Research

・園芸学分野

Journal of the American Society for Horticultural Science

Journal of Horticultural Science & Biotechnology

Scientia Horticulturae

・植物生理学分野

Plant & Cell Physiology

Plant Physiology

The Plant Cell

［腰　岡　政　二］

第5章
土壌・肥料学分野における科学論文ライティングの実際

　当分野には，土壌物理，土壌化学，土壌鉱物，土壌生物，土壌生成・分類，土壌肥沃度，植物栄養，肥料・土壌改良資材，土壌環境などの広い範囲が含まれる．ここでは，植物栄養・肥沃度分野の論文で，土壌中の可給態養分含量評価法に対する問題提起とその代替法を提案する内容の Noguchi, A. *et al.* (2005). Potential for Using Plant Xylem Sap to Evaluate Inorganic Nutrient Availability in Soil: I. Influence of Inorganic Nutrients Present in the Rhizosphere on Those in the Xylem Sap of *Luffa cylindrica* Roem. *Soil Sci. Plant Nutr.*, 51, 333-341 を引用する．

5.1　Abstract

　Abstract には，研究目的，研究の基本的な進め方，主要な知見と結論などを記す．略語は用いず，引用文献は示さない．200～250 語以内の指定を受けることが多い．

　To examine the availability of nutrients in soil, chemical extraction methods are commonly used. However, such methods require different extractant solutions depending on the types of soil and nutrients being assayed, making it difficult to assay multiple components simultaneously and compare analytical values. We proposed an alternative method, consisting of the collection of xylem sap exuded from plant stems by employing plant roots as a tool for evaluating the levels of available nutrients in soil.

　土壌中の養分の可給性を調べるために，一般には化学的な抽出法が用いられる．

しかしながらそのような方法は，検定する土壌や養分の種類によって抽出剤溶液の種類を変える必要があり，このことが多成分の同時検定や分析値相互の比較を困難にしている．われわれは，土壌中の可給態養分含量を評価するための道具として，植物根を利用することにより，茎から溢泌される導管液を採取するという代替法を提案した．

▶解　説
・この例文は Abstract の最初の 3 文である．土壌中の可給態養分含量評価のための従来法を一言で表現した後に，それが有する問題点を提起し，続いて当論文中でどのような代替法を提案するかを要約している．

▶キーワード
・availability of nutrients： 養分の可給性．末尾の available nutrients は可給態養分．
・extraction methods： 抽出法．
・extractant： 抽出剤，抽出溶媒．
・xylem sap： 導管液（道管液）．

▶重要表現
・consisting of ～： ～からなる（現在分詞）．
・exude： 溢泌（いっぴ）する，滲出する，浸出する．
・employ ～ as …： ～を…として用いる．

5.2　Introduction

Introduction には，問題提起，問題に対する当該研究の範囲，研究目的と意義などを，先行研究を紹介しながら記載する．

Nutrients and water in soil are absorbed by the roots, reach the stele, and are then transported to the aerial parts through the xylem vessels. Therefore, the concentrations and composition of the nutrients in the xylem sap probably reflect the nutrient availability in soil and might be used to determine the contents of available nutrients in soil. Movement of substances in the xylem vessels is a one-way traffic from below to above (Marschner 1995). Cutting the stem directly above the roots enables the xylem sap to rise from the roots to be obtained at the cut surface. We have attempted to collect at the level of the hypocotyl the liquid exuded from xylem vessels after removing the aerial parts of the plant, in order to use the plant roots as a tool for extracting available nutrients and to evaluate the contents of available nutrients in soil based on the analytical values obtained.

　土壌中の養水分は根に吸収されて中心柱に至り，木部導管を通って地上部に運ばれる．したがって導管液中の養分の濃度と組成は土壌中の養分の可給性を反映したものと考えられ，土壌中の可給態養分含量の判定に利用できるであろう．木部導管中の物質の移動は下方から上方への一方通行である（Marschner 1995）．（そのため，）根の直上で茎を切断することにより，その切断面で，根から上昇する導管液を得ることが可能である．われわれは，植物根を可給態養分を抽出するための道具として使い，得られる分析値に基づいて土壌中の可給態養分含量を評価するために，植物の地上部を切断後に木部導管からの溢泌液を下胚軸で採取することを試みた．

▶解　説
・この例文は，導管液の特性を概説し，土壌中の可給態養分含量を評価するために導管液の分析値を利用する背景を述べた部分である．なお，最後の文章は直訳せず，「われわれは，植物根を可給態養分の抽出道具として使い，下胚軸で地上部を切除して得られる導管溢泌液を採取し，その分析値を土壌中の可給態養分含量の評価に利用することを試みた．」とすると，よりわかりやすいであろう．

▶キーワード
・stele： 中心柱．
・aerial parts： 地上部，top もしくは above ground part とも．地下部は，root もしくは subterranean part.
・xylem vessel： 木部導管．
・hypocotyl： 下胚軸．

▶重要表現
・a one-way traffic from below to above： 下から上への一方通行．
・analytical values： 分析値．

5.3　Materials and Methods

本項目では，読者が再試験可能な記載方法を心がける．たとえば，植物栽培時の水耕液処方はその名称のみならず組成と濃度を明記したり，材料とする植物体の大きさや栽植数なども逐一記載する．

　Five hundred milliliter plastic pots were filled with 400 g of quartz sand (grain size: 0.5-1 mm). The basic concentrations of the culture solutions (see Table 2), and the 0.75-fold, 0.5-fold, and 0.25-fold concentrated culture solutions, respectively, were added to the pots to a volume equal to 60% of the maximum water-holding capacity of the quartz sand. Cotyledonous *L. cylindrica* seedlings grown in nursery beds filled with non-fertilized vermiculite, were transplanted to the pots, with six plants per pot. The seedlings were grown in a greenhouse under natural light and the above-described culture solutions were added regularly to maintain 60% of the maximum water-holding capacity of the quartz sand, determined by pot weight. Five replicate pots were used.

　500 mL 容プラスチックポットに 400 g の石英砂を充塡した（粒径：0.5〜1 mm）．基本濃度の培養液（表 2 参照）および 0.75 倍濃度，0.5 倍濃度および 0.25 倍濃度の培養液は，それぞれ石英砂の最大容水量の 60% 相当量となるようにポットに添加された．無施肥のバーミキュライトを満たした苗床で生育させた子葉展開期のヘチマ幼植物を，ポットあたり 6 個体移植した．栽培は自然光下の温室内で行い，石英砂の最大容水量の 60%（の水分）を維持するように，ポットの重量を測定しつつ上述の培養液を適宜添加した．5 連で行った．

▶解　説
・この例文は，植物の栽培法を記載した部分である．栽培に使用する培地の情報（ここでは容器の容量と種類，培地＝石英砂の粒径，培養液濃度，使用容量（この試験の処理に相当））を明記する．実際の論文中では，基本濃度の培養液の組成と使用塩類濃度が表にまとめられている．植物種名は学名表記し，イタリック体にするか下線を付す．既出の場合は，属名を頭

文字のみに省略する．さらに，栽植個体数，栽培維持の方法，連数が続いている．
・文頭で数を述べる場合には，数字は使わず言葉に置き換える．例文では，"500 mL plastic pots"を"Five hundred milliliter plastic pots"としている．

▶キーワード
・culture solutions： 培養液．
・maximum water-holding capacity： 最大容水量．
・cotyledonous： cotyledon（子葉）の形容詞形．ここでは，cotyledonous seedlingsで「子葉期の幼植物」の意．
・seedlings： 幼植物，実生．
・nursery beds： 苗床．
・vermiculite： バーミキュライト．
・transplant： 移植する．名詞形としても使う．

▶重要表現
・〜-fold： 〜倍の．数字の後をハイフン〈-〉でつなぐ．

The phosphorus concentration in the xylem sap was measured by the molybdenum blue colorimetric method (microflow spectrophotometer UV-730; Shimadzu Corporation, Kyoto, Japan), and the concentrations of potassium, calcium, magnesium, manganese, zinc, and copper were measured by atomic absorption spectrometry (atomic absorption spectrophotometer A-2000; Hitachi, Ltd., Tokyo, Japan). Nitrogen, another important nutrient, was excluded from the analysis to be examined in more detail later separately, specifically for the nitrate form and the ammonium form.

導管液中のリン濃度はモリブデン青比色法（マイクロフロー分光光度計UV-730；島津製作所，京都，日本）により測定し，カリウム，カルシウム，マグネシウム，マンガン，亜鉛，銅濃度は原子吸光分析法（原子吸光光度計A-2000，日立製作所，東京，日本）により測定した．もう1つの重要な養分である窒素は，特に硝酸態とアンモニウム態について別の論文で取り上げるため，分析から除外した．

▶解　説
・分析に用いる機器は，型番，製造社名，製造社の所在地，国名を明示する．また，通常実施されるべきと考えられる項目を実施しない場合には，その理由を述べることが親切であろう（例文では，文末の窒素の分析）．

▶キーワード
・molybdenum blue colorimetric method： モリブデン青比色法.
・atomic absorption spectrometry： 原子吸光分析法.
・the nitrate form and the ammonium form： 硝酸態とアンモニウム態.

5.4　Results

　通常，ResultsとDiscussionは独立の項目であるが，例とした論文のように"Results and Discussion"として扱われるジャーナルも存在する．この場合でもResultsとDiscussionを規則性なく混在させて執筆することはせず，段落を分けるなどして両者を区別すべきであろう．論点ごとにタイトルを付け，それぞれ前半にResultsを，後半にDiscussionを配置し，最後にConclusionを配してまとめるとよい．

　ここではResults and Discussion中のResultsに相当する部分を本節に，Discussionに相当する部分を次節に記載する．

　The volume of xylem sap exuded per pot increased when the number of seedlings increased from three to six plants, but leveled off thereafter. The volume of xylem sap exuded per plant decreased with an increasing number of seedlings.

　ポットあたりの導管液溢泌量は，栽植数を3個体から6個体に増やすと増加したが，それ以降は変化しなかった．植物個体あたりの導管液溢泌量は栽植数の増加に伴って減少した．

▶重要表現
・level off： 横ばいになる，水平になる，安定する．

5.4 Results

> ・thereafter： その後，それ以降．
> ・decrease with ～： ～とともに減少する，～に伴って減少する．

No differences were observed in the biomass produced for roots and shoots as well as the volume of xylem sap exuded between the basic concentration and 0.75-fold concentration. After further reduction of the concentration, however, both the biomass produced and the volume of xylem sap decreased: at 0.25-fold concentration, both decreased to nearly 70% of the basic concentration (data not shown).

The relationship between the culture solution and nutrient concentrations is shown in Fig. 4. Concentrations of phosphorus, potassium, calcium, magnesium, manganese, zinc, and copper in the xylem sap were directly proportional to those in the culture solutions, and the correlation coefficient between the xylem sap and culture solutions for all the elements was 0.8 or higher. Because nutrient absorption by quartz sand is negligible, the rhizosphere itself retains the culture solution, suggesting that almost all the nutrients given were in an ionic (i.e., available) form. Nutrient levels in the xylem sap also changed in proportion to the changes in the concentration of each nutrient in the culture medium. These results clearly indicated that the changes in the nutrient concentrations in the xylem sap accurately reflected the changes in the concentrations of available nutrients in solution in the rhizosphere.

根および茎葉部のバイオマス生産量には，導管液溢泌量と同様に，基本濃度と1.75倍濃度との間に差は認められなかった．しかしながらさらに濃度を低下させると，バイオマス生産ならびに導管液溢泌量の双方が減少した．0.25倍濃度では，双方とも基本濃度の70%程度に減少した（データ非表示）．

培養液濃度と（導管液）養分濃度の関係を図4に示した．導管液中のリン，カリウム，カルシウム，マグネシウム，マンガン，亜鉛および銅濃度は培養液中のそれらの濃度と正比例し，いずれの元素についても導管液中濃度と培養液中濃度の間の相関係数は0.8以上だった．石英砂による養分吸収は無視し得るので，根圏自体は培養溶液を保持しており，このことは，与えられたほとんどすべての養分がイオンの形態，つまり可給態であることを示唆している．導管液中の養分濃度は，培地中の各々の養分濃度の変化とも比例して変化した．これらの結果は，導管液中の養分濃

度の変化が根圏溶液中の可給態養分濃度の変化を正確に反映していることを明らかに示している．

▶解　説
・導管液法で土壌中養分の可給性評価が可能であるとの結論に達する，拠り所の1つを示した部分である．
・1段落目の末尾にある "data not shown" を使用することは本来好ましくなく，極力具体的データを示すべきであろう．この表現は，データが既出の場合や，誌面の都合上示さなくとも明らかな場合のみにとどめる．なお多くのジャーナルは冊子体のほかにオンライン版を有し，後者にはSupplementと呼ばれる項目がある．ページの関係上冊子体に掲載できなかったデータは，ここに掲載可能である．

▶キーワード
・rhizosphere：　根圏．

▶重要表現
・correlation coefficient：　相関係数．
・negligible：　無視し得る．
・in proportion to 〜：　〜に比例して．
・accurately：　正確に．

5.5　Discussion

Discussion は，得られた結果を解釈して，研究目的に対する答えとしての結論を導く過程である．

　We conclude that the nutrient contents in the culture medium were affected by the changes in the concentrations of the culture solutions added (Experiment 3) and the changes in the proportions of blended soil (Experiment 4). In Experiment 3, in which soil was not used, the nutrient concentrations in the xylem sap changed in proportion to the nutrient levels in the culture medium. In Experiment 4, however, where soil was used, the concentrations of only same nutrients changed in proportion to the nutrient contents in the culture medium. These results accurately reflected the behavior of the nutrients present in the rhizosphere during nutrient absorption by the roots from soil. Furthermore, it was confirmed that the nutrient contents in the xylem sap reflected the nutritional status of the aerial parts of the plant. The fact that in the xylem sap method multiple nutrients can be simultaneously extracted from soils with plant roots would be an advantage over the extraction method. A relatively larger amount of testing solution could be obtained by the xylem sap method, compared with the use of pressed juice of plants. Therefore, based on our findings, we conclude that using nutrient concentrations in the xylem sap should represent an effective method for evaluating the nutrient availability in soil under the conditions used in our experiments.

　培地中の養分濃度は，添加した培養溶液の濃度の変化によって（実験3），および混合土壌の割合の変化によって（実験4）影響されると結論される．土壌を使用しない実験3では，導管液中の養分濃度は培地の養分濃度に比例して変化した．しかしながら土壌を使用した実験4では，培地中の養分含量に比例して，その同じ養分の濃度のみが変化した（導管液中のすべての栄養素の濃度が培地中の栄養素含量に比例して変化したわけではなかった）．これらの結果は，根による土壌からの養分吸収の際の根圏に存在する養分の挙動を正確に反映している．さらに，導管液中の養分含量は，植物の地上部の栄養状態を反映していることが確認された．導管液法では，植物根を用いて，土壌から複数養分を同時抽出可能であるとの事実は，抽出法よりも有利な点であろう．導管液法では，植物の搾汁液を使うよりも比較的多量の試料溶液が採取可能である．したがって，われわれの知見に基づけば，当実験条件下では，導管液中の養分濃度の使用は土壌中の養分可給性を評価するための効果的な方法であるといえる．

▶解　説
・根圏の養分挙動や植物の栄養状態を反映することから，導管液法により土壌中養分の可給性評価が可能であることを考察する部分である．

▶キーワード
・nutritional status： 栄養状態．
・pressed juice： 搾汁液．

▶**重要表現**
・behavior： 挙動.
・advantage over〜： 〜に対して有利な点, 長所.

5.6　主要ジャーナル

American Journal of Plant Nutrition and Fertilization Technology
Communications in Soil Science and Plant Analysis
International Journal of Soil Science
Journal of Plant Nutrition
Journal of Plant Nutrition and Soil Science
Physiologia Plantarum
Plant and Soil
Plant Physiology
Plant Physiology and Biochemistry
Soil Science and Plant Nutrition

［野口　章］

# 第6章
微生物学分野における
科学論文ライティングの実際

I 細菌学分野

　本章第I部では，特殊環境である酸性硫酸塩土壌から独立栄養性のアンモニア酸化細菌を分離し，系統分類学的，および微生物生理学的特性を示した論文，Satoh, K. *et al.* (2007). Characteristics of newly isolated ammonia-oxidizing bacteria from acid sulfate soil and the rhizoplane of leucaena grown in that soil. *Soil Sci. Plant Nutr.*, **53**, 23-31 を主に引用し，微生物分野，特にバクテリアに特徴的な表現や記載を解説する．

6.1　Abstract

　例文に用いた論文の規定では，「Abstract は 350 語を超えないこと」とされており，「その研究の目的，基本的な手法，主たる新規知見，主要な結論を記した簡潔な要約」であること，「Abstract は省略形や参考文献を含んではいけない」とされている．また，5語程度の Key words を要求されるのが一般的である．ほかの分野で見られる Summary などの様式はあまり使用されない．

　17SS from the surface soil and 17RS from the **rhizoplane** of a non-**limed plot**; 9SS from the surface soil and 9RS from the rhizoplane in a limed plot. The cells of all strains had the typical **lobate shape** of the genus *Nitrosospira* ("*Nitrosolobus*"). The **percentage similarity** of the 16S rRNA genes of these strains to that of *Nitrosospira* ("*Nitrosolobus*") *multiformis* **ATCC25196**^{T} (ATCC25196^T)

was 99.52％（strains 17SS,17RS and 9SS）and 99.66％（strain 9RS）.（中略）At pH 6.0, every isolate and ATCC25196^T were able to utilize urea as **the sole nitrogen source**, in particular, strain 17SS grew best. The isolates from ASS showed higher urea utility than the isolates from the rhizoplane. Strain 17SS **tolerated** copper **at levels up to** 6.3 **mmol L**$^{-1}$, but ATCC25196^T was inhibited at that concentration.

17SS 株はライミングされていない区画の表層土から，17RS 株は同じく根面から，9SS 株はライミングされた区画の表層土から，9RS 株は同じく根面から分離された．すべての菌株の細胞は *Nitrosospira*（"*Nitrosolobus*"）属に典型的である lobate（裂片様）の形態を有していた．*Nitrosospira*（"*Nitrosolobus*"）*multiformis* ATCC25196^T（以下 ATCC25196^T と略記）との 16SrRNA 遺伝子塩基配列の相同性は，17SS，17RS，9SS の各株は 99.52％，9RS 株は 99.66％ だった．（中略）pH 6.0 において，すべての分離菌株および ATCC25196^T は，唯一の窒素源として尿素を利用することが可能であり，特に 17SS 株は最も良好に生育した．酸性硫酸塩土壌からの分離菌株は，根面からの分離菌株よりも高い尿素資化性を示した．17SS 株は 6.3 mmol L^{-1} の濃度まで銅に耐性を示したが，ATCC25196^T はこの濃度で阻害された．

▶解　説
・この例文は Abstract の一部である．分離源である土壌環境について，また得られた分離菌の形態や分子系統分類などの分類学的情報，特徴的な酵素系の活性などについての結果を端的に述べている．
・"*Nitrosolobus*" は現在の分類上存在しない属であるが，形態を反映した旧分類上の属名なので，引用符を付けて示す．同様の例として，まだ属が認められていない candidatus などでも‘ ’を用いる．
・mmol L^{-1} は mmol/L と同義．ジャーナルの執筆規定により，表記法が指定されていることがある．特に「リットル」については大文字，小文字の表記については論文規定に従う．
・ATCC25196^T のように，ある菌株の標準株（type strain）には ^{T} を付す．
▶キーワード
・rhizoplane： 微生物が吸着している植物の根の表面．「根圏」は rhizosphere（4.2 節参照）．

・limed plot： ライミングされた区画．limed は石灰施用による中和「ライミング」を示し，plot は「試験区」の意．
・lobate shape： 裂片様．微生物の形態を表す用語．
・percentage similarity： 相同性．DNA やアミノ酸配列などの相似性（相同性）は％で示す．類義語に homology がある．
・the sole nitrogen source： 唯一の窒素源．ほかに炭素源，エネルギー源（後出）でも同様．
▶重要表現
・tolerate … at levels up to 〜： 〜の濃度まで…に耐性を示した．

6.2　Introduction

当該領域の研究進展状況や，過去の著者らによって得られた知見，本研究を行う意義や価値，本研究では何をどこまで明らかにするのか（できたのか）などについて，適宜引用文献を示して記載する．

These organisms are difficult to isolate and culture, owing to their **slow growth rate**, which is a consequence of ammonia being their sole energy source. （中略）**Single-colony isolation** of nitrifying bacteria is very difficult for these reasons. Because most strains are neutrophic they cannot grow under acid conditions (Watson *et al.* 1984). Some researchers have isolated Ammonia-oxidizing Bacteria (AOB) from acid soil (De Boer *et al.* 1995; Hayatsu 1993). A review of nitrification in acid soils has also been published (De Boer and Kowalchuk 2001). AOB **inhabit** acid soils, and it is clear that nitrification occurs. It has not yet been shown to isolate AOB from acid sulfate soil (ASS) anywhere in the world; however, it is not possible to discuss the properties of nitrifying bacteria in ASS without isolating these organisms from ASS. Thus, it is necessary to obtain pure strains isolated from ASS to clarify **the physiological characteristics and the phylogenetic properties** of the nitrifying bacteria in these soils, and to study the biochemistry of the nitrifying bacteria living symbiotically on **salt-tolerant plant** roots.

これらの微生物はその生育率（生育速度）が遅い，すなわちアンモニアを唯一の
エネルギー源とすることからであるが，そのため分離や培養が困難である．（中略）
硝化細菌の単一コロニーの単離はこれらの理由で非常に難しい．ほとんどの菌株が
（好）中性菌であるため，酸性環境では生育できない（Watson et al. 1984）．何人かの
研究者がアンモニア酸化細菌（AOBと略記）を酸性土壌から分離した（De Boer et al.
1995; Hayatsu 1993）．酸性土壌における硝化はすでに総説が発表されている（De Boer
and Kowalchuk 2001）．AOBは酸性土壌に生息し，硝化が起きていることは明らかであ
る．世界中で酸性硫酸塩土壌（ASSと略記）からのAOBの分離は，いまだ示されて
いない．しかしながら，ASSから微生物を分離することなしにASS中の硝化細菌の
特性を議論することは不可能である．したがって，そのような土壌に生育する硝化
細菌の生理学的な性質や，系統分類学的な特性を明らかにするために，また塩耐性
植物根に共生的に生息する硝化細菌の生化学を研究するために，ASSから単離された
純粋菌株を得ることが必要である．

▶解　説
・この例文はIntroductionの一部である．分離しようとしている菌種の，
分離の困難さとその理由，自然環境とりわけ植物への影響における重要性
などを述べている．さらに，当該環境からの対象菌種の分離はいまだ行わ
れておらず，何を明らかにするために研究が必要であるか，またその研究
意義とその得られる結果の価値の高さを示している．
・these organisms は直前に出てくる nitrifying bacteria のこと．英文表現
のうえでは，同一単語の繰返しは好まれない．

▶キーワード
・slow growth rate： 生育速度の遅さ．単位時間あたりの生育を強調する
ための表現．
・single-colony isolation： 単一コロニーの単離．1個のコロニーは単一
の細胞から派生しているという原理から，単一のコロニーを得られれば純
粋分離菌として得ることが可能であるということ．
・the physiological characteristics and the phylogenetic properties： 生
理学的特性と系統分類学的特徴．
・salt-tolerant plant： 塩耐性植物．ここでは硫酸による酸性環境を指す．

▶重要表現
・inhabit： 生息している．

6.3 Materials and Methods

　試料採取場所の諸情報は詳細の記述が必要．一般的な実験技法はオリジナルな論文を引用し，詳細な記述は避ける．本研究に特異的な実験技法すなわち，オリジナルなものや既知のものに改変を加えた場合は詳細に記述する．

Soils　　Soils were collected from the surface layer (0-5 cm) of non-limed and limed plots (with 26.5 t Ca(OH)$_2$ ha^{-1}). The soil pH(H$_2$O) was 3.0 for the non-limed plot and 4.5 for the limed plot.

土壌　土壌は非ライミングおよびライミング区（1 ha あたり 26.5 t の水酸化カルシウムを施用）の表層（0〜5 cm）から採集された．土壌 pH(H$_2$O) は非ライミング区で 3.0，ライミング区で 4.5 であった．

▶解　説
・土壌試料採取にかかわる諸情報を挙げており，ここではライミング条件と pH が特に重要である．そのほか，土壌名，植生，土壌の理化学性などを記載する場合がある．
・pH(H$_2$O) は水に懸濁したときの pH である活酸性を表し，KCl 溶液に懸濁したときの pH(KCl) は潜酸性を示す．
・"the surface layer (0-5 cm)" といったように，土壌採取点を説明する．ジャーナルによっては，採取地点の正確な緯度，経度を求められる場合がある．

Pure isolation　　Fresh soil (5 g) was suspended in a flask containing 50 mL of sterilized distilled water and then treated with a sonic oscillator (42 kHz, 3 min). The soil suspension (1 mL) or rhizoplane suspension **was inoculated into** a test tube containing 10 mL of culture medium. **Shaking culture** (90 strokes min^{-1}) was carried out at 30℃ for 30 days. One milliliter of liquor of each culture that produced nitrite（＞100 µg mL^{-1}）was inoculated into a 300-mL Erlenmeyer flask containing 100 mL of medium and **subcultured** for 10 days. This subculture was repeated four times. These subcultures of AOB produced more than 120 µg mL^{-1} of nitrite over 7 days at 30℃. The final subculture was diluted, plated on **gellan gum** plates（Takahashi *et al*. 1992）and incubated at 30℃ for 30 days. On plates with dilutions of 10^{-4} and 10^{-5}, colony formation was noted after 30 days of incubation. Fifty colonies from each plate were inoculated into a test tube containing 3 mL of HEPES-medium and shaken at 90 strokes min^{-1}. At 1-2 weeks, 12 cultures produced more than 50 µg mL^{-1} of nitrite. **The absence of contaminating bacteria** was confirmed using the three test media. Culture purity was confirmed by microscopic observation.

純粋分離 新鮮な土壌（5 g）をフラスコ中の滅菌蒸留水50 mLに懸濁し，超音波（42 kHz，3分間）で処理した．土壌懸濁液（1 mL）もしくは根面液は試験管中の10 mLの培地に接種された．振とう（1分間あたり90ストローク）培養は30℃で30日間行った．（1 mLあたり100 µg以上の）亜硝酸を生成したそれぞれの培養の溶液1 mLを300 mL容三角フラスコ中の100 mLの培地に接種し，10日間の継代培養を行った．この継代培養を4回繰り返した．これらのAOBの継代培養は30℃，7日間以上（の培養）で，1 mLあたり120 µg以上の亜硝酸を生成した．最終的な継代培養は，希釈の後グランガム平板培地（Takahashi *et al*. 1992）上に接種され，30℃で30日間培養した．30日間の培養後，希釈倍率10^{-4}および10^{-5}の平板培地に，コロニー形成が認められた．それぞれの平板培地からの50個のコロニーを，試験管中の3 mLのHEPES培地に接種し，1分間あたり90ストロークで振とうした．1～2週間で12本の培養が1 mLあたり50 µg以上の亜硝酸を生成した．夾雑菌が共存しないことは3種類の試験培地で確認された．培養の純度は顕微鏡観察によって確認された．

▶解 説
・著者らの開発した純粋分離法であり，具体的な手順が記載されている．

▶キーワード
・shaking culture（90 strokes min^{-1}）： 振とう培養．（ ）内は往復振とうのスピード．回転振とうの場合は，単位が**rpm min^{-1}**.
・subculture： 継代培養．
・plate on： 平板培地上への接種，塗抹．

6.3 Materials and Methods

- gellan gum： ゲランガム．微生物由来の多糖類で，ゲル化剤．
▶重要表現
- be inoculated into 〜： 〜に接種される．
- absence of 〜： 〜が存在しない．

The cultivation medium used was HEPES-medium containing 5.0 g of $(NH_4)_2SO_4$, 0.5 g of KH_2PO_4, 11.92 g of HEPES (N-2-hydroxyethyl-piperazine-N'-2-ethane sulfonic acid), 0.5 g of $NaHCO_3$, 100 mg of $MgSO_4 \cdot 7H_2O$, 5 mg of $CaCl_2 \cdot 2H_2O$ and 75 mg of Fe-EDTA per liter. The pH of the medium was adjusted to 8.2. Because nitrification lowers the medium's pH, the growth of **nitrifiers** can be detected by the addition of cresol red. Since the above medium **acts as** a buffer **against** a reduction in pH, due to the presence of phosphate or HEPES, long-term culture of ammonia-oxidizing bacteria is possible. (Takahashi, R. *et al.* (2001). *Journal of Bioscience and Bioengineering*, 92, 232-236 より引用)

培養に用いられたのは1L中に5.0gの $(NH_4)_2SO_4$, 0.5gの KH_2PO_4, 11.92gの HEPES (N-2-hydroxyethyl-piperazine-N'-2-ethane sulfonic acid), 0.5gの $NaHCO_3$, 100mgの $MgSO_4 \cdot 7H_2O$, 5mgの $CaCl_2 \cdot 2H_2O$ と75mgの Fe-EDTA を含むHEPES培地であった．培地のpHは8.3に調整された．硝化は培地のpHを低下させるので，硝化微生物の生育はクレゾールレッドを添加することによって検知した．上記の培地はリン酸やHEPESが存在することにより，pHの低下に対して緩衝液として働くので，アンモニア酸化細菌の長期間の培養が可能である．

▶解　説
- HEPESを主なpH緩衝剤とする無機塩培地の組成に関する記載である．pH指示薬のクレゾールレッドを入れることにより，培地中の亜硝酸の蓄積，すなわちAOBの生育が把握できる．
▶キーワード
- nitrifiers： 硝化微生物．
▶重要表現
- act as … against 〜： 〜に対して…として働く．

Enzyme assay　　Urease（EC 3.5.1.5）activity was assayed using the method of Reithel（1971）**with some modifications**. The reaction mixture contained 100 μL of **crude enzyme** solution, 0.83 mmol L^{-1} oxoglutarate, 0.35 mmol L^{-1} NADH, 200 mmol L^{-1} urea, 45 mmol L^{-1} Tris・HCl buffer（pH 8.0）, and the reaction mixture in a total volume of 3.0 mL. After 1 min incubation at 37℃, 20 μL of 1,000 μmol min^{-1} mL^{-1} glutamate dehydrogenase（EC 1.4.1.3）was added to the reaction mixture. **The resulting rate of decrease in absorbance at 340 nm** was measured using a spectrophotometer（UV-1700; Shimadzu, Kyoto, Japan）.

酵素分析　　ウレアーゼ（EC 3.5.1.5）活性は，Reithel（1971）の方法に改変を加えた方法で測定した．反応溶液は 100 μL の粗酵素液，0.83 mmol L^{-1} のオキソグルタル酸，0.35 mmol L^{-1} の NADH, 200 mmol L^{-1} の尿素，45 mmol L^{-1} の Tris・HCl 緩衝液（pH 8.0），反応溶液は総量 3.0 mL とした．37℃，1 分間の保温の後，20 μL の 1,000 μmol min^{-1} mL^{-1} のグルタミン酸脱水素酵素（EC 1.4.1.3）が反応溶液に添加された．生じた 340 nm の吸光度の減少率を分光光度計（UV-1700; Shimadzu，京都，日本）によって測定した．

▶解　説
・分離されたアンモニア酸化細菌にとって重要な酵素ウレアーゼの活性測定法を示し，反応組成と測定すべきパラメーターについて詳しく述べている．
・酵素名を記載する場合は，酵素番号（enzyme code, EC と略記）を併記する．
・機器，試薬などの製造会社名の英語表記については会社側の正式表記に従うこと．

▶キーワード
・crude enzyme：　粗酵素（液）．一般的には無細胞抽出液程度のものを指す．
・rate of decrease in absorbance at 340 nm：　340 nm での吸光度の減少率．本法では，ウレアーゼによって生じるアンモニアの存在下で，グルタミン酸脱水素酵素が司る NADH の減少を測定する．

▶重要表現
・with some modifications：　改変を加えて．

6.4 Results and Discussion

Results は得られた結果を，図，表のデータなどで示し，その研究によって明らかにされた新知見を的確に示す．Discussion は得られた知見の意義，既知の情報との相違，新規性，当該領域での有用性について述べる．

Results と Discussion は原著論文では独立した章立てであることを要求する投稿規定が多いが，必ずしもその必要はなく，レフェリーなどの指示によって独立したものから併記したものに改訂するように指示される場合もある．

Morphological characteristics　　Four strains (17SS from ASS, 17RS from the rhizoplane in ASS, 9SS from limed soil and 9RS from the rhizoplane in limed soil) were isolated. The characteristics of each strain are listed in Table 1. The cells of each strain had the typical lobate shape of *Nitrosospira* ("*Nitrosolobus*") (Fig. 1), in which the cytomembranes are arranged so that the cells become **compartmentalized** (Board *et al.* 1992).

形態的特徴　4 菌株（17SS；ASS 由来，17RS；ASS 根面由来，9SS；ライミング土壌由来，9RS；ライミング土壌根面由来）が分離された．それぞれの菌株の特性は表 1 に示した．それぞれの菌株の細胞は *Nitrosospira*（"*Nitrosolobus*"）属に典型的である lobate（裂片様）の形態（図 1）を有しており，細胞膜は細胞が小区画に区分されるように配置されていた（Board *et al.* 1992）．

▶解　説
・分離菌株の形態的な特徴について述べている．
・Table 1, Fig. 1 は本項では略したが，一般的には，細胞形態，グラム染色性，至適培養条件（温度，pH，窒素源もしくは炭素源濃度など）などを示すものを入れるとよい．

▶重要表現
・compartmentalize：　小区画に区分する．

Activities of enzymes Urease activity is an important factor in acid tolerance of AOB (Pommerening-Röser and Koops 2005). **The urease activity (nmol min^{-1} mg^{-1} protein)** of strains 17SS, 17RS, 9SS, 9RS and *N. multiformis* ATCC25196^T were 75.0, 26.0, 18.0, 25.0 and 4.6, respectively. In acidic conditions, AOB increase the pH by hydrolyzing urea through the release of ammonia (Burton and Prosser 2001). This is why each strain, especially strain 17SS, had higher urease activity than *N. multiformis* ATCC25196^T.

酵素活性 ウレアーゼ活性は AOB の酸耐性において重要な要因である (Pommerening-Röser and Koops 2005). 17SS, 17RS, 9SS, 9RS および *N. multiformis* ATCC25196^T の (nmol min^{-1} mg^{-1} protein で示した) ウレアーゼ活性はそれぞれ 75.0, 26.0, 18.0, 25.0, 4.6 であった. 酸性環境で AOB は尿素を加水分解しアンモニアを放出することにより, pH を上昇させる. これが (酸性環境から分離された) それぞれの菌株, 特に 17SS が, *N. multiformis* ATCC25196^T より高いウレアーゼ活性を持つ理由である.

▶解 説
- アンモニア酸化細菌の酵素のうちで特に重要なウレアーゼに関する記載である. 分離源の環境要因とウレアーゼ活性の高低を議論している.
- ここでは "the urease activity (nmol min^{-1} mg^{-1} protein)" としているが, 酵素活性の表記は酵素ごとに異なるので, 十分確認のうえ記載する.

Metal tolerance **These results suggest that** all strains, including *N. multiformis* ATCC25196^T, can tolerate copper at 630 µmol L^{-1}; 17SS was able using **CopC** to tolerate a concentration of 6.3 mmol L^{-1}. *Nitrosococcus oceani* ATCC19707^T also has the CopC copper resistance protein (NCBI Accession no. NC_007484). *Nitrosococcus* lives mainly in the sea (Watson *et al.* 1984) and has only one **soil-dwelling** strain (Hayatsu 1993). *Nitrosomonas europaea* ATCC19718 does not have the *copC* gene sequence (NCBI Accession no. NC-004757), and the status of other AOB is unknown. The presence of CopC may help explain why all isolates in this study are *Nitrosospira* ("*Nitrosolobus*").

金属耐性 これらの結果は *N. multiformis* ATCC25196^T を含むすべての菌株で 630 µmol L^{-1} の銅に耐性があることを示唆している; 17SS は CopC を使うことができたので 6.3 mmol L^{-1} の濃度まで耐性を示した. *Nitrosococcus oceani* ATCC19707^T も銅耐性タンパ

ク質 CopC (NCBI Accession no. NC_007484) を持っている. *Nitrosococcus* は主に海水に生息し (Watson *et al.* 1984), 1菌株のみ土壌生息株が存在する (Hayatsu 1993). *Nitrosomonas europaea* ATCC19718 は *copC* 遺伝子配列を持たない, そしてそのほかのAOB の状況は不明である. CopC の存在が, なぜ本研究のすべての分離株が *Nitrosospira* ("*Nitrosolobus*") であるのかということの説明の助けとなるかもしれない.

▶解　説
・アンモニア酸化細菌の金属耐性のうち, 耐酸性と関連性がすでに報告されている CopC タンパク質と銅について議論を進めている. また, 属における特異性を示唆している.
・CopC はタンパク質を, *copC* は遺伝子を意味する.
・NCBI Accession no. は, 議論すべき DNA の塩基配列, タンパク質のアミノ酸配列などがある場合, その配列を公開データベースで検索するのを容易にするために示す登録番号である. 例文中の NCBI は, アメリカの The National Center for Biotechnology Information として開設されている分子生物学を中心とした情報の巨大なデータベースである. 例文中の番号は *Nitrosococcus oceani* ATCC 19707 のゲノム情報を示す登録番号である.

▶重要表現
・these results suggest that 〜：　これらの結果は〜を示唆している.
・soil-dwelling：　土壌に生息する.

6.5　補　足

・国外からの日本への植物, 土壌の持ち込みは, 植物防疫の見地からあらかじめ管轄の植物防疫所を通じて農林水産大臣の輸入許可が必要である. また, 当該国の生物資源保護およびその保有権の見地から, 当該国の研究者, 研究機関との共同研究が望ましい.
・遺伝子組換え実験は, 所属する機関における許可が必要である.

6.6 主要ジャーナル

・*Journal of Bacteriology*： 微生物学分野全体をカバーする，100年近い歴史と権威のある雑誌．American Society of Microbiology が発行．

・*Applied and Environmental Microbiology*： 環境微生物学分野のトップクラスにランクされる権威ある雑誌．American Society of Microbiology が発行．

・*The ISME Journal*： 同じく環境微生物学分野のトップクラスにランクされる権威ある雑誌．International Society for Microbial Ecology が発行．

・*Soil Science and Plant Nutrition*： 日本土壌肥料学会が発行する，土壌，肥料，植物栄養，環境，土壌微生物などの広い領域をカバーする国際誌．海外での評価も高い．

・*Microbes and Environments*： 日本微生物生態学会，日本土壌微生物学会が発行する環境微生物分野の国際誌．海外での評価も高い．

・*Journal of Bioscience and Biotechnology*： 日本生物工学会が発行する，発酵工学，微生物工学領域を中心とする国際誌．海外での評価も高い．

[高橋令二]

II 菌学分野

第II部では微生物，特に，菌類を対象とした内容，さらに微生物からの二次代謝産物などの生産，生産物の分離・精製，構造解析に特徴的な記載を中心に解説する．用いる文例は，Ogihara, J. *et al.* (2000). Production and structure analysis of PP-V, a homologue of monascorubramine, produced by a new isolate of *Penicillium* sp. *J. Biosci. Bioeng.*, 90, 549-554 より引用している．

6.7 Abstract

A fungal strain newly isolated from soil has been found to produce a violet water-soluble pigment (PP-V) in high quantity when cultured in a medium consisting of soluble starch and citrate buffer. Glucose repressed the production of this pigment. PP-V has the molecular formula $C_{23}H_{25}NO_6$ revealed by HR-FAB mass spectroscopy and has been shown to be composed of an isoquinoline skeleton, a n-octanoyl group, and a 2-propenoic acid group by NMR. In conclusion, PP-V is a novel compound, …

土壌から新規に分離された一糸状菌は可溶性デンプンとクエン酸緩衝液で構成される培地で培養されるとき，多量に紫色水溶性色素（PP-V）を生産することを認めた．グルコースはこの色素の生産を抑制した．PP-V は HR-FAB 質量スペクトル観測によって分子式 $C_{23}H_{25}NO_6$ を示し，また，NMR によってイソキノリン骨格，n-オクタノイル基，2-プロペン酸基からなることが示された．PP-V は新規化合物である…

▶解　説

・この **Abstract** は一般的な化学学術論文の記載方法と特に変わらない．論文の研究背景，研究領域を踏まえて研究の目的，研究の視点，特徴のある結果や主要な結論を 250 字以内に要約する．各種データベースから引用されることを考慮して，論文の特徴を表現し，菌類分野において理解されやすいキーワードを使用することも検討する．

6.8　Introduction

For centuries red molds, *Monascus* spp., have been used for the red colorants and preservatives of foodstuffs and beverages in East Asia. The main components of *Monascus* pigments are a series of azaphilone compounds and their N-substituents, such as monascorubramine and rubropunctamine (red-purple), monascorubrin and rubropunctatin (orange), and monascin and ankaflavin (yellow). With a view to the hyperproduction and derivatization of the above *Monascus* pigments researchers have for several years carried out strain screening, optimization of culture media and conditions, and breeding of mutant strains. These pigments and their derivatives exhibit various interesting biological activities, i. e., antibacterial, antifungal, immunomodulatory, teratogenic, and cytotoxic activities.

何世紀もの間，紅麹菌（*Monascus* spp.）は東アジアで食品や醸造製品の赤色着色剤と防腐剤として利用されてきた．モナスカス色素の主成分は一連のアザフィロン化合物とそのN置換基（たとえば，モナスコルブラミンとルブロパンクタミン（赤紫色），モナスコルブリンとルブロパンクタチン（橙色），そしてモナシンとアンカフラビン（黄色））である．上記のモナスカス色素の大量生産と誘導体化の目的で，研究者は数年間の間，菌株のスクリーニング，培養培地と条件の最適化，変異株の育種を行った．これらの色素とそれらの誘導体は様々な興味深い生物活性（すなわち，抗菌性，抗真菌性，免疫調節性，催奇形性および細胞毒性）を示す．

▶解 説

・Introduction は論文の研究背景を記載し，研究結果を導き出す意義を明確にわかりやすく述べることが大切である．研究関連文献の調査結果を示すような内容にならないよう注意する．

6.9 Materials and Methods

菌類など微生物による物質生産やその生産物の同定などにかかわる論文の例を示す．一般的に記載する内容は，使用菌株について（microorganism, strain, fungal isolation など），菌株の培養について（culture など），生産物の単離・精製について（isolation and purification など），精製物の分析について（analyses など），といったように各項目ごとに研究内容が再現できるように記載する．

Microorganism　　A fungal strain TA85S-28-H2 newly isolated from soil was used in this study.

微生物　土壌より新規に分離された1糸状菌 TA85S-28-H2 株がこの研究で使用された．

▶解 説

・何らかの研究目的のために土壌から微生物を分離した場合，分離した場所，日時，特性などを基準に任意の strain（系統，株）番号を付けることになる．

▶キーワード
・fungal： 糸状菌の，菌の，カビの．名詞形は fungus，複数形は fungi.
・strain： 系統，株．

Taxonomic studies　The above strain was cultured on YMA (10 g glucose, 5 g peptone, 3 g yeast extract (Difco, Becton Dickinson, USA), 3 g malt extract (Oxoid, Unipath, England), and 20 g agar per liter) and CZA (Czapek Dox agar) plates at 30℃～37℃ for 7d. Conventional taxonomical observation was performed on colony growth, pigment formation, and morphological characteristics of penicilli in accordance with the manual of Pitt (24).

分類学的研究　上記の（菌）株は7日間，30～37℃ の温度で YMA（10 g のグルコース，5 g のペプトン，3 g の酵母エキス，3 g の麦芽エキスと，1 L あたり 20 g の寒天）と CZA（ツァペック-ドックス寒天）平板培地上で培養された．通常の分類学的な観察は，Pitt のマニュアルに基づいて，コロニーの生長，色素の生産，そしてペニシリの形態学的性質について実施された．

▶解　説
・菌類（主にカビ，酵母）などの生育保存培地として YMA（Yeast extract Malt extract Agar：酵母エキス・麦芽エキス・寒天）や CZA（Czapek dox Agar：ツァペック-ドックス寒天）がよく用いられる．YMA は炭素源や窒素源として天然有機物を豊富に含む培地である．一方 CZA は対照的に基本的な合成培地である．
・菌類の分類は，一般的に特定の平板培地上での生育状況，色素など生産物の有無，顕微鏡などを用いた形態学的な観察結果に基づいて行われる．特に青カビ（*Penicillium*）の分類では形態学的な分類が重要である．また近年では，核ゲノム中のリボソーム RNA 遺伝子領域の一部である ITS（internal transcribed spacer：転写領域内部のスペーサー），5.8S rDNA 領域，28S rDNA の D1/D2 領域の配列情報による系統解析に基づいた分類も合わせて行われている．

▶キーワード
・peptone： ペプトン．魚肉，牛肉，大豆，卵など由来のタンパク質をト

リプシンやキモトリプシンなどのタンパク質分解酵素により加水分解したもの.
・yeast extract： 酵母エキス.
・malt extract： 麦芽エキス.
・agar： 寒天.
・taxonomical observation： 分類学的観察.
・morphological characteristics of penicilli： ペニシルスの形態学的性質. penicilli は penicillus の複数形. penicillus は青カビ *Penicillium* の conidiophore（分生子柄）や conidia（分生子）の形態構成要素をまとめた総称である. ほうき状, 筆毛状をなす部分である.

Culture　　To determine suitable culture conditions, cultivation was carried out in a 500-ml Erlenmeyer flask containing 100 ml of 50 mM NaH_2PO_4/Na_2HPO_4 buffer (pH 5.0) supplemented with 20 g glucose, 3 g malt extract, 2 g yeast extract, and 0.5 g $MgSO_4 \cdot 7H_2O$ per liter. One loopful of strain TA85S-28-H2 was inoculated into this basal medium from a stock culture on a YMA slant, and cultivated at 28℃ for 3 d. The concentration and type of buffer, and the carbon source, nitrogen source, and metallic ion in the medium along with the temperature, pH, and aeration level of the culture were modified to obtain the best results. To produce the pigment in high quantity, mycelia grown on a YMA slant were inoculated into seed medium (20 g soluble starch, 3 g NH_4NO_3, and 2 g yeast extract in a liter of 50 mM citric acid / Na_3 citrate buffer, pH 5.0) in a flask and cultured with shaking at 30℃ for 2 d. The seed culture was then transferred into a jar fermentor containing 5 liters of production medium (20 g soluble starch and 3 g NH_4NO_3 in a liter of 50 mM citric acid / Na_3 citrate buffer, pH 5.0) and cultured at 30℃ for 2 d under a DO level of 2.5 ppm.

培養　　適切な培養条件を決定するために，培養は1Lあたり20gのグルコース，3gの麦芽エキス，2gの酵母エキス，そして0.5gの硫酸マグネシウム七水和物で補充される，100 mLの50 mMのリン酸二水素ナトリウム／リン酸水素二ナトリウム緩衝液（pH 5.0）を含む500 mL容三角フラスコで行われた. 菌株 TA85S-28-H2 の1白金耳は1つのYMA斜面培地上の保存株からこの基本培地に接種され，28℃，3日間培養され

た．培養の温度，pH，通気量に加えて，培地における緩衝液の濃度と種類，炭素源，窒素源，金属イオンは最適な結果を得るために修正された．多量の色素生産のために，YMA 斜面培地にて生育した菌体は 1 つのフラスコに入ったシード培地（1 L の 50 mM クエン酸／クエン酸ナトリウム緩衝液 pH 5.0 に 20 g 可溶性デンプン，3 g 硝酸アンモニウム，2 g 酵母エキスを含む）に接種され，そして 30℃，2 日間，振とう培養された．シード培養物はそして，5 L の生産培地（1 L の 50 mM クエン酸／クエン酸ナトリウム緩衝液 pH 5.0 に 20 g 可溶性デンプン，3 g 硝酸アンモニウム）を含むジャーファーメンターに移され，2.5 ppm の溶存酸素量下，30℃，2 日間培養された．

▶ 解　説

・まず基本的な培地培養条件に関する記述，続いて最適色素生産培養条件決定のための培養条件に関する記述，色素生産培養に関する記述の順番で書かれている．培養に関する記述には，培地組成（炭素源，窒素源，各種エキス，ミネラル，金属イオンなどの濃度，緩衝液の種類と濃度，pH），培地の種類（液体，平板，斜面など），培養条件（容器の種類，仕込み量，通気撹拌条件，温度，圧力，制御条件，接種量など）を必ず記載し，再現性が取れるような配慮が必要である．

▶ キーワード

・culture condition：　培養条件．
・Erlenmeyer flask：　エルレンマイヤーフラスコ，三角フラスコ．
・buffer：　緩衝液，バッファー．
・one loopful：　1 白金耳．
・stock culture：　保存株．
・slant：　斜面培地．
・carbon source：　炭素源．
・nitrogen source：　窒素源．
・metallic ion：　金属イオン．
・aeration level：　通気量．
・seed culture：　シード培養，種培養，前培養．
・jar fermentor：　ジャーファーメンター，発酵槽．通気撹拌培養を行うための発酵槽である．

・DO（dissolved oxygen）level： 溶存酸素量.
▶重要表現
・be inoculated into 〜： 〜に植菌される.

Pigment purification　　The 2-d culture was filtered through filter paper to remove the mycelia from the medium. Pigments in the filtrate were then purified by the process outlined in Fig. 1.

色素の精製　2日培養物は培地から菌体を除去するためにろ紙にろ過された. ろ液中の色素は図1にて概説される手順によって精製された.

▶解　説
・物質の精製方法は文章化すると長くなるため，判りやすく表現するために図として要約して別記する場合がある. 投稿するジャーナルによっては，詳細に文章で記載することを求められる場合もある.
▶キーワード
・mycelia： 菌体，菌糸体（複数形）. 単数形は **mycelium**.
・filtrate： ろ液.

Analyses　　Detection of pigments was by thin layer chromatography using silica gel $60F_{254}$ plates (Merck, Germany) and a developing solvent of n-BuOH, AcOH, and H_2O (12:3:5). UV/visible and IR spectra were obtained with Shimadzu UV240 and JASCO IR810 spectrometers, respectively. FAB-MS spectra were recorded using a JEOL JMS-SX-102A spectrometer. ^{1}H NMR and ^{13}C NMR spectra were recorded using a JEOL GSX-500 spectrometer.

分析　色素の検出はシリカゲル60F254プレートを用いた薄層クロマトグラフィー，n-ブタノール，酢酸，水（12:3:5）の展開溶媒であった. 紫外部／可視部と赤外部スペクトルは，それぞれ島津UV240とJASCO IR810スペクトロメーター（分光計）で得られた. FAB-MSスペクトルはJEOL JMS-SX-102Aスペクトロメーターにて記録された. ^{1}H NMRと^{13}C NMRスペクトルはJEOL GSX-500スペクトロメーターにて記録された.

▶キーワード

・thin layer chromatography： 薄層クロマトグラフィー.
・developing solvent： 展開溶媒.
・UV/visible： 紫外部（ultra violet）／可視部.
・IR： 赤外部（infrared）.
・spectra： スペクトル（複数形）. 単数形は spectrum.
・FAB-MS： fast atom bombardment（高速電子衝撃）法をイオン化法として用いた mass spectrometry（質量分析計）.
・NMR： 核磁気共鳴（nuclear magnetic resonance）. NMR という表記で，その分析装置（NMR spectrometer）のことを示す場合もある.

6.10 Results

Results と Discussion は独立して記載するものが多い．しかし，雑誌によっては併記する（*Journal of Natural Products* など）ものや，併記を認めているものもある．

Morphological and cultural description of pigment-producing organism, fungus TA85S-28-H2　　Colonies on YMA growing rapid, attaining a diameter of 22〜35 mm in 7d at 30℃, extinguishly repressed to less than 2 mm at 37℃; velutinous, smooth, with growing margin white, about 2〜4 mm wide; heavily sporing in central, deep green; reverse strongly red, with surrounding agar also red.

Penicillated conidiophores arising from substratum or aerial mycelium; stipes 50〜250×3〜4.5 μm, smooth; penicilli narrow biverticillate and symmetrical, metulae and phialides appressed, each 10〜14 μm long; conidia ellipsoidal on subspheroidal, 3〜3.5 μm in length.

Cleistothecia and gymnothecia not observed during 3 month-culture. Colonies on CZA growing somewhat restrictedly, 12〜22 mm in diameter in 7d at 30℃; less than 2 mm at 37℃; plane, velutinous, conidial aerea yellow to grayish green, sometimes reddish orange; soluble reddish pigment not or scarcely formed.

The above characteristics suggest that strain TA85S-28-H2 belongs to the biverticillate-symmetrica group of *Penicillia*.

The results of further taxonomical studies will be reported elsewhere.

色素生産生物，糸状菌 TA85S-28-H2 の形態学的および培養的説明　YMA 培地上でのコロニーの生育は速やかで，30℃，7日間で 22～35 mm の直径に達し，37℃では 2 mm 未満まで消失的に抑制された；ビロード状，平滑で，縁が白に生長，約 2～4 mm の広さであった；中心の胞子形成が盛んで，濃緑色であった；裏面は強い赤，周囲の寒天もまた赤色であった．

　ペニシルスを形成した分生子柄は基底または気中菌糸から発生した；柄は 50～250 ×3～4.5 μm で，滑らかであった；ペニシリは狭く二輪生で対称，メトレとフィアライドは平たく押しつけられているように緊密で，それぞれ 10～14 μm の長さであった；分生子は亜球形で楕円体，3～3.5 μm の長さであった．

　3 か月の培養の間，閉子嚢殻と裸子嚢殻は確認されなかった．CZA 培地上でのコロニーの生育はいくぶん制限的で，30℃，7 日間で 12～22 mm の直径であった；37℃では 2 mm 未満であった；平坦，ビロード状で，分生子は黄色から灰緑色，時々赤みがかったオレンジであった；可溶性の赤みがかった色素はないか，かろうじて形成されていた．

　上記の特徴は，TA85S-28-H2 株は青カビ（ペニシリウム）の二輪生（複輪生）対称群に属することを示唆する．

　さらなる分類学的研究の結果はほかで報告されるであろう．

▶**解　説**

・菌類の形態的性質を説明する場合，上述のように文章として表現するのではなく，形容詞や名詞などを中心とした性質を表す単語の組合せにて表現する．各内容はセミコロン（**semicolon**）〈；〉を使って区切っている．

▶**キーワード**

・**growing margin white**：　縁が白に生長．菌を平板培地に接種しジャイアントコロニーを形成させる過程で，コロニーの外周の縁が白色のリング状の色彩を表すこと．青カビでよく確認される．

・**heavily sporing in central**：　（コロニーの）中心の胞子形成が盛ん．コロニーの中心が周囲と比較して隆起し，ペニシルスなどの分生子柄が発達している様子．

- substratum： 基底.
- biverticillate： 二輪生（複輪生）.
- cleistothecia： 閉子嚢殻.
- gymnothecia： 裸子嚢殻.

▶重要表現
- velutinous： ビロード状の.
- reverse： 裏面.
- aerial： 空気中.
- ellipsoidal： 楕円体.
- subspheroidal： 亜球形.
- restrictedly： 制限的.
- not or scarcely formed： ないか，かろうじて形成される.

Purification of the violet pigment　　The major pigment, a violet one (PP-V), was purified for structural analysis.

Based on the results of the silica gel TLC, PP-V was produced in conjunction with small amounts of orange, yellow, red, and red-brown pigments and released into the culture liquid (Fig. 4).

At least 1 g of PP-V was obtained from a 5-L culture following the first silica gel column chromatography step (Fig. 1) and the yield of the purified preparation for NMR-analysis was 600–700 mg.

青紫色色素の精製　主な色素，青紫色のもの（PP-V）は構造解析のために精製された．

シリカゲル TLC の結果に基づいて，PP-V は少量の褐色，黄色，赤褐色の色素と同時に生産され，そして液体培地中に放出された（図 4）.

シリカゲルカラムクロマトグラフィーを用いた最初のステップ（図 1）で，5 L の培養物から少なくとも 1 g の PP-V が得られ，そして核磁気共鳴分析用精製試料の収量は 600～700 mg であった．

▶解　説
- 一般的に物質の分離・精製に関する記載には，その物質の収量，収率を

明記することが求められる.
▶キーワード
・silica gel column chromatography： シリカゲルカラムクロマトグラフィー.
・yield： 収量，収率.
▶重要表現
・in conjunction with 〜： 〜と同時に.

Analysis of the structure of PP-V The physico-chemical properties of PP-V are summarized in Table 2. PP-V has the formula $C_{23}H_{25}NO_6$ established by high resolution FAB mass spectroscopy (HRFAB-MS);$(M+H)^+$ m/z 412.1757 (calcd for $C_{23}H_{26}NO_6$ 412.1760) using 3-nitrobenzyl alcohol as a matrix.

PP-V の構造解析 PP-V の物理化学的性質は表 2 に要約される．PP-V は高分解能 FAB 質量分析計 (HRFAB-MS) によって，$C_{23}H_{25}NO_6$ の分子式を持つことが確定した．（質量は）マトリックスとして 3-ニトロベンジルアルコールを用いて，$(M+H)^+$ m/z は 412.1757 であった（$C_{23}H_{26}NO_6$ のための計算値は 412.1760）．

▶解　説
・化合物の構造決定に関する記載には，目的の化合物の正確な分子式を示すために，その化合物の高分解能質量分析計を用いた測定結果が求められる．この結果は実測値と推定分子式から導き出される計算値を示す必要がある．
▶キーワード
・physico-chemical properties： 物理化学的性質.
・formula： 分子式.
・high resolution： 高分解能.
・m/z： 質量電荷比.
・matrix： マトリックス．質量分析の際，FAB，MALDI（matrix assisted laser desorption ionization）などのイオン化法には物質をイオン化する際のイオン化エネルギーの伝達の仲介のためにマトリックスを用いる．

▶重要表現

- be summarized in 〜： 〜に要約される.
- establish： 確定する.
- calcd for 〜： 〜の計算値. "calculated for 〜" の省略形.

Table 3 shows the ^{1}H and ^{13}C NMR spectral data for PP-V. Signal assignments for this compound were based on these data, and the results of two-dimensional ^{1}H-^{1}H, ^{13}C-^{1}H shift correlation, heteronuclear multiple-bonded correlation spectroscopy (HMBC), and COLOC spectroscopy. The ^{1}H and ^{13}C NMR data (in DMSO-d_6) for PP-V indicated 25 proton and 23 carbon signals, respectively. The INEPT spectra indicated the presence of two methyls, six methylenes, five olefinic methines, and ten quaternary carbons. Alignments of vicinal protons and carbons were determined by ^{1}H-^{1}H and ^{1}H-^{13}C COSY experiments. Assignments of the signals through nine quaternary carbons (C-3 at δ_C 97.5, C-3a at δ_C 168.6, C-4a at δ_C 152.5, C-6 at δ_C 151.4, C-8a at δ_C 117.9, C-9 at δ_C 197.4, C-9a at δ_C 84.6, C-12 at δ_C 166.8, and C-13 at δ_C 193.5) were determined by HMBC and COLOC experiments (Fig. 5). The methyl proton 9a-CH$_3$ at δ_H 1.50 had long-range correlations to three carbons (C-9, C-9a, and C-3a). The methine proton 4-H at δ_H 6.49 showed long-range couplings to five carbons (C-3 at δ_C 97.5; C-9a, C-4a, C-8a, and C-5 at δ_C 122.5). A methine proton 5-H at δ_H 7.16 showed long-range couplings to four carbons (C-4 at δ_C 95.7; C-8a, C-6, and C-10 at δ_C 134.7). A methine proton 8-H at δ_H 8.37 showed long-range couplings to four carbons (C-8a, C-4a, C-6, and C-9). The above observations suggest the presence of an isoquinoline skeleton. (中略)

The coupling constant between 10-H and 11-H (13.2 Hz) indicated the presence of a Z-configuration (Table 3). The stereochemistry of the double bond at C-10 was further elucidated by differential nuclear Overhauser effects (NOE). The relationship between 5-H, 10-H and 11-H also confirmed the presence of a Z-configuration (Fig. 5).

A carbon signal C-9a at δ_C 84.6 was assigned to an oxygen-bearing carbon. The C-3a signal at δ_C 168.6 was assigned to an olefinic carbon and that of C-2 at δ_C 171.2 to an ester carbonyl. Therefore, C-3 formed a C=C double bond with

C-3a. The ^{13}C NMR signals of PP-V were generally similar to those of Compound 3, 7-(d-Ala)-monascorubrin (25), except for the low field shifts at C-12 and C-10 together with the high field shift at C-11 (Table 3). These results show that PP-V is a homologue of monascorubramine (-rubrin), in which the 12-CH$_3$ is replaced by COOH and the stereoconfiguration of C-10 is Z (Fig. 6).

So far searched, a compound showing the same NMR signals as those of PP-V has not been found in the CAS data base. In conclusion, PP-V is a novel compound.

表3はPP-Vのために ^{1}H と ^{13}C NMR スペクトルデータを示す．この化合物のためのシグナルの帰属は，これらのデータと二次元の ^{1}H-^{1}H，^{13}C-^{1}H のシフト相関，異核の複数の結合の相関分光法（heteronuclear multiple-bonded correlation spectroscopy, HMBC）と COLOC 分光法の結果に基づいた．PP-V の ^{1}H と ^{13}C NMR データ（重ジメチルスルフォキシド中で）はそれぞれ25個の水素原子と23個の炭素原子を示した．INEPT スペクトルは，2個のメチル，6個のメチレン，5個のオレフィン・メチン，10個の四級炭素の存在を示した．隣接する水素と炭素のアライメント（配列）は，^{1}H-^{1}H と ^{1}H-^{13}C COSY 実験で測定された．9つの四級炭素（C-3 at δ_C 97.5, C-3a at δ_C 168.6, C-4a at δ_C 152.5, C-6 at δ_C 151.4, C-8a at δ_C 117.9, C-9 at δ_C 197.4, C-9a at δ_C 84.6, C-12 at δ_C 166.8, and C-13 at δ_C 193.5）による信号の帰属は，HMBC と COLOC 実験（図5）で決定された．δ_H 1.50 のメチルプロトン 9a-CH$_3$ には，3つの炭素（C-9，C-9a と C-3a）と遠距離相関があった．δ_H 6.49 のメチンプロトン 4-H は，5つの炭素（δ_C 97.5 の C-3; C-9a, C-4a, C-8a, と δ_C 122.5 の C-5）に遠距離カップリングを示した．δ_H 7.16 のメチンプロトン 5-H は，4つの炭素（δ_C 95.7 の C-4; C-8a, C-6, と δ_C 134.7 の C-10）の遠距離カップリングを示した．δ_H 8.37 のメチンプロトン 8-H は，4つの炭素（C-8a, C-4a, C-6, と C-9）に遠距離カップリングを示した．上記の観測は，イソキノリン骨格の存在を暗示する．（中略）

10-H と 11-H（13.2 Hz）の間の結合定数は Z 配置（表3）の存在を示した．C-10 の二重結合の立体化学は差核オーバーハウザー効果によって，さらに解明された．5-H，10-H，11-H の間の相関も，Z 配置（図5）の存在を確認した．

δ_C 84.6 の1つの炭素シグナル C-9a は，酸素を含んだ炭素に帰属された．δ_C 168.6 の C-3a シグナルは，オレフィン炭素に，そして δ_C 171.2 の C-2 のそれはエステルカルボニルに帰属された．したがって，C-3 は C-3a と C=C 二重結合を形成した．PP-V の ^{13}C NMR シグナルは C-11 の高磁場シフトとともに，C-12 と C-10 が低磁場シフトすることを除いて化合物3（7-(d-アラニン)-モナスコルブリン（25）のそれらと

類似していた．これらの結果は，PP-V が，12-CH₃ が COOH と置き換えられ，また C-10 の立体配置が Z（図 6）である，モナスコルブラミン（-ルブリン）の同族体（ホモログ）であることを示す．

これまで検索したところ，PP-V と同じ NMR シグナルを示している化合物は CAS データベースで見つからなかった．結論として，PP-V は新規化合物である．

▶ 解　説

・NMR 分析結果を表現している．一般的には，最初に使用した各測定手法を説明する．次にその結果得られた各シグナルの帰属を説明する．最終的に化合物の構造を導き出し，まとめる．

・新規化合物の場合，類似した化合物の文献値と NMR の化学シフト（ケミカルシフト）値を比較解析することによって，構造を導き出すこともよく行われる．

・δ は化学シフトで，基準となる核の周波数からの観測核の核磁気共鳴周波数のずれを表す．単位は ppm．化学シフトは，化合物の構造や官能基によっておよそ決まっているため，化合物の構造決定の重要な手がかりとなる．

▶ キーワード

・NMR spectral data：　NMR スペクトルデータ．

・signal assignments for 〜：　〜のシグナルの帰属．

・shift correlation：　シフト相関．

・heteronuclear multiple-bonded correlation spectroscopy（HMBC）：異核の複数の結合の相関分光法．

・COLOC spectroscopy：　COLOC 分光法．上記 HMBC とあわせて，水素原子と炭素原子間の遠距離相関を測定する手法である．HMBC は水素原子からの相関信号を測定するため，炭素信号からの相関信号を測定する COLOC よりも高感度で短時間に測定できるメリットがある．

・INEPT spectra：　INEPT（insensitive nuclei enhanced by polarization transfer）スペクトル．^{13}C NMR にて各炭素に結合している水素の数を決定する．近年はこの改良手法である DEPT（distorsionless enhancement by polarization transfer）がよく用いられる．

- quaternary carbon： 四級炭素．
- alignments： アライメント，配列．
- COSY： 相関分光法（correlated spectroscopy）．スピン結合（カップリング）している核どうしを決定する二次元 NMR の手法．通常，^{1}H-^{1}H 相関を示す．
- coupling constant： 結合定数．
- Z-configuration： ゼット配置．二重結合に含まれる2つの原子に結合している原子，原子団のうちそれぞれの順位法則に基づいて最優位にあるものどうしが cis の関係にあるとき Z, trans の関係にあるとき E を用いる．
- NOE： 核オーバーハウザー効果．原子間の空間的な距離（近さ）を測定する手法．
- novel compound： 新規化合物．

▶重要表現
- two-dimensional： 二次元．

6.11　Discussion

Discussion は結果の解釈を記載する必要がある．結果の繰返しにならないように十分注意する．

These facts suggest that *Penicillium* sp. AZ has an azaphilone pigment-synthetic pathway common to that in *Monascus* spp. Ankaflavin, monascorubrin, and monascorubramine are considered to be synthesized in this order by *Monascus* spp., and PP-V is produced from monascorubramine by *Penicillium* sp. AZ. In other words, it should be possible for *Penicillium* sp. AZ to synthesize and accumulate any of the above-mentioned *Monascus* pigments if the pathway is blocked at an appropriate step by mutation or other biological and chemical procedures.

これらの事実は *Penicillium* sp. AZ が *Monascus* spp. と共通のアザフィロン色素生合成系を持つことを示唆している．アンカフラビン，モナスコルブリン，モナスコルブラミンは *Monascus* spp. によって，この順番で生合成されると考えられ，そして，PP-V

は *Penicillium* sp. AZ によってモナスコルブラミンから生じる．いい換えれば，経路が突然変異またはほかの生物学的および化学的手法によって適切な段階で遮断される場合，*Penicillium* sp. AZ は上述のモナスカス色素のいずれかを合成し，蓄積することができるはずである．

▶ キーワード
・above-mentioned： 上述の，前出の，上記の．

6.12　主要ジャーナル

・国内の学協会が編集する雑誌
Journal of Bioscience and Bioengineering
Bioscience, Biotechnology, and Biochemistry
The Journal of Antibiotics
Chemical and Pharmaceutical Bulletin
など
　・国外の学協会が編集する雑誌
Applied Microbiology and Biotechnology
Applied and Environmental Microbiology
Applied Biochemistry and Biotechnology
Fungal Biology
Fungal Genetics and Biology
FEMS Microbiology Letters
Journal of Natural Products
Mycologia
など
　・国外の学協会が編集する速報雑誌
AMB Express
PLoS ONE
など

［荻原　淳］

第7章
食品・栄養生理化学分野における
科学論文ライティングの実際

　食品・栄養生理化学分野における科学論文ライティングの実際においては，*The Journal of Nutrition*（2012 IF: 4.2）に掲載された著者らの論文を具体例とし解説する（Hosono-Fukao, T. *et al.*（2009）. Diallyl Trisulfide Protects Rats from Carbon Tetrachloride-Induced Liver Injury. **139**, 2252-2256.）．この論文では，ガーリック（ニンニク）由来の香気成分の肝障害予防効果について報告した．ガーリックは古来より，強壮，抗がん，抗血栓，抗菌作用など様々な機能性を示すことが報告されている．著者らは，ガーリックの抗がん作用について追究し，分子，細胞レベルでの抗がん作用を明らかにしてきた（*J. Biol. Chem.* 2005; 280(50): 41487-93; *Carcinogenesis.* 2008; 29(7): 1400-6.）．この論文では，ガーリックの抗発がん作用について考察する目的で，発がん物質の代謝に関与する薬物代謝系酵素の作用に着目し，ガーリックの香気成分が四塩化炭素誘発肝障害に及ぼす影響を検証した．

7.1　Abstract

　このジャーナルのAbstractは，Background（研究の構成について1〜2行），Objective（研究の目的，検証される仮説について述べる），Methods（実験のデザイン，細胞，実験動物，ヒト試験など使用について述べる），Results（最も重要な発見，キーデータと統計解析の結果について述べる），Conclusions（研究の成果と意義を1〜2行でまとめる）の構成で，300単語以内で記述することが求められている．

　Alk(en)yl sulfides have been found to be responsible for the anticancer, antithrombotic, and antioxidant effects of garlic. We sought to identify the most potent structure of sulfides that exhibits a hepatoprotective effect against carbon tetrachloride（CCl₄）-induced acute liver injury in rats.

アルキル（アルケニル）スルフィドはニンニクの抗がん，抗血栓，抗酸化作用を担う成分であることが知られている．われわれは，ラットにおける四塩化炭素誘導肝障害に対して防御作用を示すスルフィドの最も重要な構造を明らかにしようとした．

▶解　説
・Abstractの冒頭では，研究の背景，目的について簡潔に述べる．
・四塩化炭素を動物体内に投与すると，第1相薬物代謝酵素（Cyp2E1）により代謝活性化され，トリクロロメチルラジカル（・CCl₃）を生成し，これが肝障害を惹起する．トリクロロメチルラジカルは第2相薬物代謝酵素により抱合され，体外に排出されるので，第1相酵素の抑制，第2相酵素の増加は肝障害を予防，抑制する．

▶キーワード
・hepatoprotective：　肝（機能）保護（効果）．

▶重要表現
・be responsible for ～：　～を担う．

Rats were pretreated with diallyl trisulfide（DATS）*i.g.* at a dose of 500 mmol/kg body weight for 5 d. On d 6, CCl₄ was administered *i.g.* at a dose of 2.5 mL/kg body weight. Twenty-four hours after CCl₄ administration, rats were killed and plasma and liver samples collected.

ラットはジアリルトリスルフィド（DATS）を500 mmol/kg体重の投与量で5日間前処理した．6日目に2.5 mL/kg体重の投与量で四塩化炭素（CCl₄）を経口投与した．CCl₄投与24時間後，ラットは安楽死させ血しょうと肝臓サンプルを採取した．

▶解　説
・動物を用いた実験では，実験に用いた動物種（ラット，マウスなど），投与物質の投与量，投与方法，投与経路，投与期間などについて記載する必

要がある.また,採血する場合は,全血,血しょうもしくは血清として分析したのか記載する.
・*i.g.* は intragastric(経口(投与の))の略号.ほかによく使用される投与経路の略号としては,*i.p.*(intraperitoneal,腹腔内(投与)),*i.v.*(intravascular,血管内(投与)),*s.c.*(subcutaneous,皮下(投与))がある.

▶キーワード
・at a dose of 500 mmol/kg body weight: 500 mmol/kg 体重の投与量で.
・plasma: 血しょう.血清(serum)とは区別すること.

▶重要表現
・pretreat: 前処理する.
・administer: 投与する,投薬する.直後の administration は名詞形.

DATS pretreatment significantly suppressed the CCl$_4$-induced elevation of plasma aspartate aminotransferase and alanine aminotransferase activities ($P<0.05$).

DATS の前投与は CCl$_4$ により誘導される血しょうアスパラギン酸アミノ基転移酵素とアラニンアミノ基転移酵素の活性を有意に抑制した($P<0.05$).

▶解 説
・この雑誌では,実験結果に有意差がある場合,Abstract に P 値の記載が求められている.

▶重要表現
・significantly: (統計学的に)有意に.

Only the allyl group-containing DATS and allyl methyl trisulfide enhanced these activities.

アリル基を有する DATS,メチルアリルトリスルフィドのみがこれら(第2相薬物代謝酵素)の活性を増加させた.

▶ 解　説
・この論文の結論を一文で簡潔に述べている．
▶ キーワード
・allyl group-containing DATS： アリル基を有する DATS.

7.2　Introduction

　Introduction では，実施した研究の背景と目的を明確に述べる．これまでの報告について包括的に述べる総説のようなスタイルではいけない．研究の仮説もしくは目的について具体的に述べる必要がある．

　Garlic (*Allium sativum* L.) has a variety of functions, including anticancer, antithrombotic, antiatherosclerotic, antidiabetic, antioxidant, and immune modulation activities (1-5).

　ニンニク (*Allium sativum* L.) は，抗がん，抗血栓，抗動脈硬化，抗糖尿病，抗酸化，免疫調節活性などの様々な機能性を有する (1-5).

▶ 解　説
・Introduction では，研究で用いた材料に関する基礎的な情報を提供し，最新の適切な論文（総説）や著者らの先行研究に関する論文を引用する．植物や微生物が研究対象の場合は学名も記載する．

　In this study, we examined the effect of DATS and its saturated analogue, dipropyl trisulfide (DPTS) ($CH_3CH_2CH_2$-SSS-$CH_2CH_2CH_3$), on CCl_4-induced acute liver injury in rats. We further examined the effects of 6 kinds of alk(en)yl trisulfides on the activities of hepatic phase II drug-metabolizing enzymes.

　本研究では，著者らは DATS とその飽和型構造類似体ジプロピルトリスルフィド (DPTS, $CH_3CH_2CH_2$-SSS-$CH_2CH_2CH_3$) がラットの四塩化炭素誘導急性肝障害に及ぼす影響について試験した．さらに，6 種類のアルキル（アルケニル）トリスルフィドが肝臓の第 2 相薬物代謝系酵素の活性に及ぼす影響についても試験した．

▶解　説
・Introduction の最後では，研究の目的，実施内容の概略について簡潔に述べる．
▶キーワード
・analog：（構造）類似体，誘導体．
・saturated：　飽和した．
・drug-metabolizing enzymes：　薬物代謝（系）酵素．detoxification enzyme（解毒酵素）と同義．

7.3　Materials and Methods

　研究の再現に必要な方法，材料について詳しく述べる．また，試験群と対照群などの実験のデザインについても明確に述べ，飼料，試薬，器具などもメーカーに加えて型式やカタログナンバーを付記する．市販のキットや分析機器を使用した場合もその旨明記する．方法は可能な限り文献を引用して記述し，方法を改変して利用した場合はその旨記載する．

Rats and diets
　　All animal experiments were performed in accordance with the Guidelines for Animal Experiments of the College of Bioresource Sciences at Nihon University. The animals used in this study were 5-wk old male Wistar rats (Japan SLC). They were housed in an animal facility with a 12-h-light/-dark cycle and the temperature was maintained at 22-23℃. The rats were allowed free access to nonpurified diet (Clea Rodent diet CE-2, Clea Japan) and water during the acclimation period of 1 wk prior to the experiment. The composition of the CE-2 diet was as follows: moisture, 9.3%; crude protein, 25.1%; crude fat, 4.8%; crude fiber, 4.2%; crude ash, 6.7%; and nitrogen free extract, 50.0%.

ラットと飼料
　すべての動物実験は日本大学動物実験指針を遵守して実施した．この実験で用いた動物は，5週齢のウイスターオスラット（日本 SLC）である．ラットは，12時間の

明暗サイクル，22〜23℃の室温に維持された動物施設で飼育された．ラットは，実験前の1週間の馴化期間中，非精製飼料（Clea Rodent diet CE-2, Clea Japan）と水を自由に摂取させた．CE-2 飼料の組成は次のようになっている．水分 9.3％，粗タンパク質 25.1％，粗脂質 4.8％，粗繊維 4.2％，粗灰分 6.7％，非窒素成分 50％．

▶解 説
・近年，動物倫理に関する問題は重要である．研究機関内のガイドラインに基づいて立案した計画について，機関内委員会の承認（許可）を受けて実施した旨の記述が必要であり，現在ではこれらの記述がないと論文を受け付けない雑誌がほとんどである．使用した動物については，種，系統，性別，週齢，入手先，飼育条件（明暗サイクル，飼育室の温湿度など）などを記載する必要がある．

▶キーワード
・be allowed free access to diet and water： 餌と水は自由に摂取させる．*ad libitum* も使用される．
・acclimation period： 馴化期間．動物実験の場合，動物供給元からの輸送の後，飼育環境に慣らすために1週間程度の予備飼育を行い，体重の増加率などをチェックする．

Twenty-four hours after CCl_4 administration, the rats were killed by asphyxiation with CO_2. Blood was collected by cardiac puncture with a heparinized syringe. Plasma was prepared by centrifugation at $2000 \times g$ for 10 min and used for the assay of AST and ALT activities. The plasma and liver samples were stored at $-80℃$ until analysis could be performed. Plasma AST and ALT activities were measured with a commercial kit (Transaminase CII-Test Wako, Wako Pure Chemical Industries). A portion of the liver was fixed with 4％ paraformaldehyde in 0.1 mol/L phosphate buffer (pH 7.4) for 48 h at 4℃, embedded in paraffin, sectioned at a 5-μm thickness, and stained with hematoxylin and eosin (H&E) or periodic acid-Schiff (PAS).

四塩化炭素投与 24 時間後，ラットは二酸化炭素を用いた窒息により安楽死させた．血液は，ヘパリン処理したシリンジを用いて心臓穿刺により採血した．血しょ

うは，2000×g，10 分間の遠心分離により調製し，AST，ALT 活性の測定に使用した．血しょうならびに肝臓サンプルは分析まで−80℃で保管した．血しょう ALT，AST は市販のキットにより測定した（トランスアミナーゼ CII テストワコー，和光純薬工業（株））．肝臓の一部は，0.1 mol/L リン酸緩衝液（pH 7.4）で調製した 4％ パラホルムアルデヒド中で 4℃，48 時間固定し，パラフィン包埋，5 μm に薄切し，ヘマトキシリンエオシン染色ならびに過ヨウ素酸シッフ染色（PAS 染色）を行った．

▶解　説
・安楽死の方法，採血の際の抗凝固剤，採血部位についても明記する．また採血後，血しょうを調製したのか，血清を調製したのか記載する．
・"Twenty-four hours after CCl_4 administration 〜"のように，文頭では算用数字を使用しない．

▶キーワード
・cardiac puncture： 心臓穿刺．
・heparinized： ヘパリン処理された．
・commercial kit： 市販のキット．

Statistical analysis

　　Results were expressed as the mean ± SEM. The variances were unequal among the groups; thus, statistical comparison was made with a nonparametric test, the Kruskal-Wallis 1-way ANOVA, using Dunn's post-hoc test (Table 1). One-way ANOVA and the post-hoc Dunnett's test were used to compare the means of the test groups to the vehicle treated group (Figs. 2A, B and 3C, D; Table 2). Statistical differences due to time and dose were tested by 1-way ANOVA and Tukey's post test (Fig. 2C, D). Differences were considered significant at $P < 0.05$. Statistical analysis was performed by using the statistical package GraphPad prism software (GraphPad Software).

統計解析
　結果は平均値±標準誤差で表示した．群間の分散が等しくなかったので，統計的な比較はノンパラメトリック解析である Kruskal-Wallis 1-way ANOVA を用い，事後解析は Dunn's 法により行った（表 1）．一元配置分散分析と事後解析 Dunnett's 法は，試験群と溶媒対照群を比較するのに使用した（図 2A，B，3C，D，表 2）．処理時間，投与

量による差異は一元配置分散分析と事後解析 Tukey's 法を用いて解析した（図 2C, D）. $P<0.05$ を有意と見なした. 統計解析は, GraphPad prism software（GraphPad Software）を用いて実施した.

▶解　説

・動物実験では，被検物質の種類，その投与量，投与時間による影響などについて適切な統計処理が求められる．統計専門の編集者が査読開始前に統計解析が適切か審査する場合もある．実験をデザインする段階で，あらかじめ適切な統計解析が可能か検討しておく必要がある．

▶キーワード

・variance： 分散．
・SEM： 平均値の標準誤差（standard error of the mean）．
・1(one)-way ANOVA： 一元配置分散分析（one-way analysis of variance）．
・vehicle treated group： （薬効の解析に用いる）溶媒対照群，ベヒクル処理群．被検物質を溶解している溶媒のみを被検物質処理群と同量投与した対照群を意味する．

7.4　Results

　方法，序論，考察の内容と重複しないように注意しながら研究の結果を的確に述べることが重要である．また，表と図でデータが重複しないようにする．

　Body weight gains did not differ among groups $(22 \pm 1\,g)$. Plasma AST and ALT activities in the DATS-pretreated rats were lower than those in the vehicle-administered control rats (Table 1). DPTS did not affect either enzyme activity. Histological observation also supported the effectiveness of DATS in protecting the liver. The tissue damage observed in the CCl_4-treated vehicle rat livers (vehicle + CCl_4), such as RBC leakage (Fig. 1, H&E) and steatosis (Fig. 1, H&E) or ballooning degeneration (Fig. 1, H&E) around the central veins or at the portal spaces, was ameliorated in the DATS-pretreated rats (DATS + CCl_4).

体重増加は群間で差がなかった（22±1g）．血しょう AST，ALT 活性は，溶媒対照群よりも DATS 前処理群で低かった．DPTS はいずれの酵素に対しても影響を及ぼさなかった．組織学的な観察も DATS の肝障害の予防効果を支持した．中心静脈周囲，門脈領域への赤血球の漏出（図1, H&E），脂肪肝（図1, H&E），気球状変性（図1, H&E）などの四塩化炭素溶媒処理群（溶媒＋CCl_4）で観察された組織障害は，DATS 前処理群（DATS＋CCl_4）で改善していた．

▶解　説
・食品・栄養学分野の動物を用いた研究論文では，試験（処理）群と対照群間の体重（増加率）や摂餌量について記述する必要がある．

▶キーワード
・steatosis： 脂肪肝．
・ballooning degeneration： 気球状変性．
・central vein： 中心静脈．
・portal spaces： 門脈域．

▶重要表現
・ameliorate： 改善する，寛解させる，回復させる．

　The GST-P protein level in DATS administered rats was greater than that in the vehicle-treated rats, suggesting that the elevation of the activity was due to this form of GST ($P<0.05$; Fig. 3D). On the other hand, DATS did not affect the level of GST-A1 protein (Fig. 3C). DPTS did not affect the protein level of either GST-P or GST-A1 (Fig. 3C, D). Induction of GST activity by DATS was dose (Fig. 2C) and time (Fig. 2D) dependent. Taken together, these data indicate that DATS caused both downregulation of CYP2E1 and upregulation of GST.

　DATS 投与ラットの GST-P タンパク質レベルは，溶媒対照群よりも高く，その活性（GST 活性）の上昇はこの型（分子種；GST-P）の GST の上昇に起因することを示唆している（$P<0.05$；図3D）．一方，DATS は GST-A1 タンパク質のレベル（発現量）には影響を及ぼさなかった（図3C, D）．DPTS は GST-P や GST-A1 のタンパク質レベルに影響を及ぼさなかった（図3C, D）．DATS による GST 活性の誘導は，投与量（図2C）と時間（図2D）に依存していた．あわせて考えると，これらのデータは，DATS が CYP2E1 の低下と GST の上昇の両方を惹起することを示している．

▶解　説
・ここでは，第 2 相薬物代謝系酵素グルタチオン S-トランスフェラーゼ（GST）の活性増加メカニズムについて述べている．GST はいくつかのアイソザイムが存在するが，DATS による肝臓での GST 活性の上昇には，GST-P のタンパク質発現の増加が関与している．
・ウエスタンブロット分析などにより測定した相対的なタンパク質の発現量（level）と ELISA（固相酵素免疫測定法）などにより検量線を用いて定量した濃度（concentration）は，明確に区別して記載する．

▶キーワード
・downregulation： 下方制御，下向き調節，発現低下，（発現量などの）減少，ダウンレギュレーション．
・upregulation： 上方制御，上向き調節，発現上昇，（発現量などの）増加，アップレギュレーション．

▶重要表現
・taken together： あわせて考えると．

7.5　Discussion

考察では，研究で得られた知見の重要性についてこれまでの知見と対比して解説する．
これらの知見から導かれる結論について明確に記述する．

The mechanism by which DATS suppresses the production of CYP2E1 protein is not yet clear. It has been reported that in CCl_4-treated cells, the ubiquitin-proteasome pathway rapidly degrades CYP2E1 and that MG132, a proteasome inhibitor, inhibits the degradation of CYP2E1 occurring either physiologically or with CCl_4 stimulation (25). These findings strongly suggest that CYP2E1 is regulated at its turnover step by a proteasome-dependent mechanism (25). On the other hand, Morris *et al.* (26) demonstrated that diallyl monosulfide directly inhibits the CYP2E1 activity *in vitro* through modification of the thiol group located close to the active site of this enzyme. We previously reported that DATS directly binds to β-tubulin at specific thiol groups of this molecule and forms S-allylmercaptocysteines, leading to the malfunction of the tubulin in colon cancer cells (27, 28). These facts raise the possibility that DATS might have multiple targets for CYP2E1 regulation.

　DATS による CYP2E1 タンパク質産生抑制のメカニズムはいまだ明らかにされていない．四塩化炭素処理した細胞において，ユビキチン-プロテアソーム系が CYP2E1 を急速に分解すること，プロテアソーム阻害剤 MG132 が生理的に起こる CYP2E1 の分解，CCl_4 刺激による分解のいずれをも阻害することが報告されている (25)．これらの発見は，CYP2E1 はプロテアソームに依存したメカニズムによって代謝回転の段階で調節されていることを強く示唆している (25)．一方，Morris らは (26)，ジアリルモノスルフィドが in vitro で CYP2E1 の活性を，この酵素の活性部位の近傍に位置するチオール基の修飾を通して阻害することを証明している．われわれはこれまでに DATS が β-チューブリンの特異的なチオール基に結合して S-アリルメルカプトシステインを形成し，大腸がん細胞におけるチューブリンの機能低下を導くことをこれまでに報告している (27, 28)．これらの事実は，DATS が CYP2E1 の調節に対して，複数のターゲット（作用点）を有する可能性を示した．

▶解　説
・ここでは，第1相薬物代謝系酵素 CYP2E1 の DATS による活性抑制メカニズムについて議論している．一般的に，酵素活性が抑制される場合，当該酵素の遺伝子発現（転写速度，転写後の mRNA の安定性の低下），酵素タンパク質の代謝回転速度の増加，特異的な活性阻害タンパク質の誘導などが考えられる．ここでは，ユビキチン-プロテアソーム系による酵素タンパク質の分解亢進，CYP2E1 の活性中心近傍に存在するシステイン残基の修飾による活性阻害について討論している．

▶キーワード
・ubiquitin-proteasome pathway：　ユビキチン-プロテアソーム系．
・degradation：　分解．
・turnover：　代謝回転，ターンオーバー．
・modification：　修飾．
・thiol group：　チオール基．官能基の一種．

- active site： 活性部位.「活性中心」は "active center".
- malfunction： 機能不全,機能障害.

7.6 Acknowledgements

多くの論文では,著者が複数いる場合,研究遂行ならびに論文作成における役割を明記することが求められている.これにより研究に参画していない者が著者になること,また,謝辞に入るべき人物との区別を明確にしている.*The Journal of Nutrition* では,これらの情報を謝辞に記載することになっている.

　　T.H-F., T.H., T.S. and T.A. designed the research; T.H-F. and T. H. conducted the research; T.H-F. and T.H. analyzed the data; T.H-F., T.H., T.S., and T.A. wrote the paper. T.S. and T.A. had primary responsibility for its final content. All authors read and approved the final manuscript.

　T.H-F., T.H., T.S., T.A. は研究を計画した. T.H-F. と T. H. は研究を実施した. T.H-F. と T.H. はデータを分析した. T.H-F., T.H., T.S., T.A. は論文を執筆し,T.S. と T.A. が最終的な研究内容に関する主要責任者である. すべての著者は最終的な原稿を読み,その内容を承認した.

▶重要表現
- design the research： 研究を計画する.
- conduct the research： 研究を実施する.
- paper： 学術論文,研究論文.
- manuscript： 原稿.

7.7 主要ジャーナル

食品・栄養生理化学分野の主要ジャーナルを以下にリストアップした.雑誌名の後のカッコ内には,ISSN(国際標準逐次刊行物番号, International Standard Serial Number)と刊行国を示し,その後に記載されている数値は Journal Citation Reports 2012 によるインパクトファクターを示している.

投稿にあたっては，ジャーナルのウェブサイトを参照し，その雑誌の目的（aim and scope），読者（audience），投稿規定（instruction for authors）などを熟読し，論文の内容や論旨の展開がその雑誌の使命や読者に合致しているか十分検討することが，受理（アクセプト）への近道である．

・主に食品系の雑誌

Food and Chemical Toxicology（ISSN: 0278-6915 ENGLAND, IF: 3.010）

Journal of Agricultural and Food Chemistry（ISSN: 0021-8561 UNITED STATES, IF: 2.906）

・主に栄養系の雑誌

Journal of Nutritional Biochemistry（ISSN: 0955-2863 UNITED STATES, IF: 4.552）

Molecular Nutrition & Food Research（ISSN: 1613-4125 GERMANY, IF: 4.310）

Journal of Nutrition（ISSN: 0022-3166 UNITED STATES, IF: 4.196）

また下記の2雑誌は，日本農芸化学会，日本栄養・食糧学会の刊行するジャーナルである．食品，栄養に関する幅広い論文を掲載している．

Bioscience, Biotechnology and Biochemistry（ISSN: 0916-8451 JAPAN, IF: 1.269）

Journal of Nutritional Science and Vitaminology（ISSN: 0301-4800 JAPAN, IF: 0.992）

［関　泰一郎］

第8章
畜産学分野における科学論文ライティングの実際

　畜産学分野は，育種学，繁殖学，飼養学，生理学，飼料作物学，畜産物利用学などに分かれており，さらに対象家畜としては，ウシ（乳用牛，肉用牛），ブタ，ニワトリ（採卵鶏，肉用鶏），そのほかのヒツジやヤギ，ウズラといった家畜・家禽も含む広範囲な分野である．

　この章で文例として引用する文献は，Asano, S. *et al.* (2007). Seasonal changes in digestibility, passage rate and rumen fermentation of alfalfa hay in sika deer (*Cervus nippon*) under restricted feeding. *Animal Science Journal.*, **78**, 28-33 である．家畜の飼育管理や栄養管理に関する分野である「飼養学」に分類され，ウシやブタではなく，ニホンジカ（日本鹿）を対象としている研究である．ニホンジカ，そのなかでも特にエゾシカは，家畜としての利用，畜産物としての活用が試みられており，関連の研究が進んでいる．シカという動物はウシやヒツジに似た消化器官を持っており，この論文内の研究手法はウシに関する研究手法をシカに応用したものである．

8.1 Abstract

　研究の目的，方法，結果を簡潔に述べる．字数に限りがあるため，何を研究して何を明らかにしたのかが，理解されることを優先する．

　To investigate seasonal variations in the digestive functions of sika deer, five female sika deer were provided with an amount of alfalfa hay cubes equivalent to voluntary food intake during winter. We measured the rate at which the food passed through the digestive tract, digestibility and rumen fermentation during the summer (August), autumn (November), winter (February) and spring (May).

シカの消化機能の季節変化を調査するために5頭のメスのシカを供試して，冬季の食物の自由採食量と同水準量のアルファルファヘイキューブを給与した．夏（8月），秋（11月），冬（2月），春（5月）に，食物が消化管を通過する速度，消化率，ルーメン発酵を測定した．

▶キーワード

・digestive function： 消化機能（消化管機能）．食物の消化吸収にかかわる能力全般を指す．

・alfalfa hay cube： アルファルファヘイキューブ．アルファルファ乾草（alfalfa hay）をキューブ状に圧縮成型した製品である．アルファルファ（日本名はムラサキウマゴヤシ）はマメ科の代表的な牧草であり，世界中で栽培されている．米ではアルファルファ，英ではルーサン（lucerne）というため，論文によって記載表現が異なる．

・voluntary food intake： 自由採食（摂取）量．動物が自由に好きなだけ食物を摂取した場合の採食（摂取）量である．ここでは食物全般の意味で使っており，対象を家畜の飼料に限定した場合には，voluntary feed intake（VFI）と表現する．

・digestive tract： 消化管．

・digestibility： 消化率．摂取された飼料中の栄養素が体内に消化吸収された割合を示す．

・rumen fermentation： ルーメン発酵．シカはウシ，ヒツジ，ヤギなどと同様に4つの胃（第1～第4胃）を持っており，食物を口腔内に吐き戻して咀嚼する反芻行動（rumination）を行うために，反芻動物（ruminant）と呼ばれる．その最初の胃である第1胃のことをルーメン（rumen）といい，多くの微生物（rumen microorganisms）が生息して食物の消化を助けている．第2胃はreticulum，第3胃はomasum，第4胃はabomasumといい，この第4胃がヒトやブタの胃に相当する．

8.2 Introduction

研究の背景および目的を述べる．本研究テーマについて今までにわかっていることとわからないことを述べ，その中での本研究の位置づけを明確に示す必要がある．

In wild sika deer, the food availability decreases sharply in winter, when the percentage of bark and twigs in their food increases (Takatsuki & Ikeda 1993; Yokoyama *et al.* 2000; Ichimura *et al.* 2004). Ichimura *et al.* (2004) reported that, in wild sika deer, rumen flora might adapt to low quality foods in winter by developing a fibrolytic bacteria population.

野生のシカでは，冬季の食物利用可能量は顕著に減少し，食物全体に占める樹皮と小枝の割合が増加する（高槻，池田，1993; 横山ら，2000; 市村ら，2004）．市村ら（2004）は，野生のシカのルーメンフローラは，繊維分解性細菌群の発達によって冬季の低質な食物に適応している可能性があることを報告した．

▶キーワード
・rumen flora： ルーメンフローラ．反芻動物のルーメン内の微生物叢のうち，バクテリア全体を指す表現である．ルーメン内容物1gあたり細菌（バクテリア）は10^{10}個以上，原生動物（プロトゾア）は10^5個以上，真菌は10^3個以上が生息している．フローラ（植物相）に対して，プロトゾアをファウナ（**fauna**, 動物相）と呼ぶ．
・fibrolytic bacteria： 繊維分解細菌．ルーメン内に生息する細菌のなかでも，セルラーゼなどの繊維分解酵素活性を持ち，反芻動物が摂取した牧草などの植物繊維を分解する能力を持った細菌群のことを示す．

8.3 Materials and Methods

材料と方法を詳細に記述する．供試動物とその飼育管理，試験飼料の栄養設計，試験設計と採材の方法，採取した試料の分析方法，統計処理の方法の順に

記述することが多い．

　Five female sika deer (mean bodyweight, 47.2 kg) were used. Two animals were fitted with rumen cannulae. They were housed in individual pens and fed alfalfa hay cubes as their sole diet. Table 1 shows the mean bodyweight at each season. The VFI of the adult female sika deer is lowest during the winter, being equivalent to 2.1 percent of their bodyweight (Ikeda 2000). We therefore fed the animals with a food equivalent to 2 percent of their bodyweight and provided water ad libitum.

　メスのシカ5頭（平均体重47.2 kg）を供試した．うち2頭はルーメンカニューレを装着した個体であった．個別のペン（囲い）で飼育し，飼料としてアルファルファヘイキューブを給与した．表1には，各季節の平均体重を示した．成メスジカの自由採食量は冬季に少なく，体重の2.1％量と報告されている（池田，2000）．そのため飼料給与量は体重の2％量とし，水は自由飲水とした．

▶キーワード

・**body weight**：　体重．BWと略す場合もある．ほぼ同じ意味で**live weight**（生体重）と表現する場合や，**body weight**から消化管の内容物を差し引いた**empty body weight**（空体重）で表す場合もある．体重を0.75乗した値である**metabolic body weight**（**size**）（代謝体重）は，体重の異なる動物（個体）の基礎代謝量を考慮して，同一の水準で検討するときに使われる．大型動物（家畜）の場合，体重測定は100gが最小単位になるため，有効数字は少ない．

・**rumen cannulae**：　ルーメンカニューレ，ルーメンフィステル．体外からルーメン内を観察し，内容物を採取できるようにするための孔（**fistula**）を反芻動物のルーメンに開け，そこに挿入・装着するカニューレのことである．素材はシリコンなどであり，ウシなどの反芻動物のルーメン発酵や消化機能の研究に広く使われている．ほかにブタでアミノ酸の有効率測定に使用する回腸カニューレ（**ileum cannulae**）などがある．

・**pen**：　ペン．その中で動物を飼育管理する柵，囲いのこと．パドック（**paddock**）よりは狭いが，檻状のケージ（**cage**）や，ウシの首を挟んで係

8.3 Materials and Methods

> 留するスタンチョン (stanchion) よりも動物が動ける範囲は広い.
> ・water *ad libitum*：　自由飲水．家畜に自由に採食させることを不断給餌もしくは飽食給餌といい，*ad libitum* (feeding) もしくは *ad lib.* (feeding) と表現する．コンサートや演劇の「アドリブ」と語源は同じ．

Samples of feces and ruminal fluid were collected during summer (August), autumn (November), winter (February) and spring (May). The experimental period consisted of 7 days for adaptation and 12 days for the sample collection period. The restricted feeding was started on the first day of the experimental period.

The feces were collected and weighed daily for 4 days to determine the apparent digestibility of the feed. The feces were composited for each animal and dried in a forced air oven at 60℃ for 48 h. The feed and air-dried feces were ground through a 1 mm sieve. The chemical composition of the feed and feces were determined by the method of the Association of Official Analytical Chemists (AOAC 2000), and the neutral detergent fiber (NDF) and acid detergent fiber (ADF) were determined with the detergent analysis method (Abe 1988).

供試動物の糞とルーメン内容液は夏（8月），秋（11月），冬（2月），春（5月）に採取した．1回の試験は7日間の予備飼育期間（馴致期間）と，それに続く12日間の本飼育期間（試料採取期間）とした．制限給餌は試験期間の1日目から実施した．

飼料の見かけの消化率を測定するために，糞を4日間，毎日全量を採取して計量した．個体ごとによく混合した後，60℃で48時間乾燥した．飼料と風乾物とした糞は1mmのふるいを通過するサイズに粉砕した．飼料と糞の化学組成はAOACの方法によって測定した．中性デタージェント繊維（NDF）と酸性デタージェント繊維（ADF）は，デタージェント分析法（阿部，1988）に基づいて測定した．

> ▶キーワード
> ・feces：　糞．飼料栄養素の消化率を測定するために採取する．消化率を測定する試験を消化試験（digestion trial, digestibility test）という．糞の採取方法には，全糞採取法（total collection method）と指標物質法（marker method, index method）があり，この研究では前者の方法で実施

している.

・ruminal fluid： ルーメン内容液. ルーメン内溶液という表現も使われる. ルーメン内容物をガーゼなどのメッシュでろ過した液状部分を指す.

・adaptation： 馴致, 予備飼育. 新しい環境と飼料に対する馴致期間のことをいい, その後のサンプリング期間を本飼育もしくは本試験と表現する.

・restricted feeding： 制限給餌. 家畜への飼料の給与量を一定量に制限して与えること.

・apparent digestibility： 見かけの消化率. この研究のような一般的な消化試験では, 飼料として摂取した不消化物だけではなく, 腸管の粘膜剥離片などの内因性物質も糞中への不消化物として測定されてしまうため, 消化率は実際よりも低く計算される. そのため実際の飼料栄養素の真の消化率（true digestibility）と区別するために, 見かけの消化率という表現を使用する. 最近では真の消化率とほぼ同様の意味で, 標準化消化率（standardized digestibility）という表現が増えてきている.

・air-dried feces： 風乾状態にした糞. 飼料や糞を重量分析用のサンプルとして調製する場合, 完全に乾燥した状態では, 測定中に大気中の水分を吸収してしまい重量が変化してしまう. そのため乾燥後1週間ほど常温に放置して, 大気中との水分平衡の状態まで水分を再吸収させる. 飼料を対象とした場合に, air-dry matter や air-dry basis という表現が使われているときは, この風乾飼料の水分含量は13％ という前提で計算をする.

・neutral detergent fiber： 中性デタージェント繊維. 飼養学分野の植物性繊維分析法のなかでは最もポピュラーな分析項目であり, 単に NDF とも総繊維ともいう. セルロースとヘミセルロース, リグニンの合計量を表す画分である. リグニンは植物繊維ではないが, 動物にとって難消化性であることから, この分野では総繊維に含んで扱われている. そのため正確を期して, 構造性炭水化物（structural carbohydrate）と表現する場合もある.

・acid detergent fiber： 酸性デタージェント繊維. ADF と略される. セルロースとリグニンの合計量であり, NDF の中のさらに難消化性の画分を

示す.ちなみに家禽のブロイラーの肥育試験などでは,必須の測定項目の1つに腹腔内脂肪（abdominal fat）の量があり,これもADFと略されるので注意すること.

・detergent analysis method： デタージェント分析法.上記のNDF,ADFの分析法であり,中性洗剤もしくは酸性洗剤を試薬として使うためデタージェント（洗剤）法という.

Rumen fluid samples (approximately 100 mL) were collected to evaluate volatile fatty acids (VFA), ammonia nitrogen (N) and ciliate protozoa through the ruminal fistula using a suction pump and a flexible polyvinyl chloride stomach tube before (0 h), and at 2 and 5 h after feeding on the final day of the experimental period.

試験期間最終日の飼料給与の直前,給与後2時間目,5時間目に,ルーメンフィステルからポリ塩化ビニルの胃チューブを挿入して,吸引ポンプで採取したルーメン内容液サンプル（約100 mL）は,揮発性脂肪酸（VFA）,アンモニア態窒素（N）,繊毛虫類のプロトゾア数（原生動物数）を評価した.

▶キーワード

・volatile fatty acids： 揮発性脂肪酸.略称はVFA.脂肪族カルボン酸のうち炭素数の少ない揮発性のものであり,低級脂肪酸（lower fatty acid）とほぼ同義である.反芻動物のルーメン内では,飼料として摂取した炭水化物を微生物発酵の基質として,揮発性脂肪酸が大量に生成されている.

・ammonia nitrogen： アンモニア態窒素.ルーメン内では飼料中のタンパク質などが微生物によって分解され,アンモニアが大量に生成され,微生物態のタンパク質（アミノ酸）合成の材料として使われている.ルーメン発酵の評価には,VFAと並んで必須の評価項目である.揮発性塩基態窒素（volatile basic nitrogen, VBN）と同義であるが,近年ではこちらの表現の使用頻度が上昇している.

・ciliate protozoa： プロトゾア.原生動物のなかでも,ルーメン内に生息している繊毛虫類のことを指す.

・stomach tube： 胃（ストマック）チューブ.乳用牛や肉用牛のような

畜産の現場で行う試験研究の場合には経口採取する場合も多く，様々な種類がある．

8.4　Results and Discussion

このジャーナル（*Animal Science Journal*）は，Results と Discussion を章分けしても，Results and Discussion とまとめて一章としても，どちらでもよい．この論文のようにまとめて記述する場合は，内容に応じて小節に分けて順番に記述する．Results と Discussion ははっきりと分けて，記述している内容が Results なのか，Discussion なのかを明確にする必要がある．

Table 3 shows the apparent digestibility of dry matter (DM), organic matter (OM), crude protein (CP), NDF and ADF in summer, autumn, winter and spring. The digestibility of OM, NDF and ADF changed significantly among the seasons, being higher in winter and spring than in summer and autumn ($P<0.05$, $P<0.01$ and $P<0.01$, respectively). The digestibility of DM differed among seasons ($P<0.1$). The digestibility of CP was the highest in winter, but the difference was not significant.

The digestibility of DM in red deer fed with alfalfa hay was higher in winter during ad libitum feeding than in summer under restricted feeding (Freudenberger *et al.* 1994). Similarly, in reindeer fed Timothy silage ad libitum, DM, cellulose and hemicellulose were more digestible in winter than in summer (Aagnes *et al.* 1996). Our observations corresponded with their findings. However, Ikeda (2000) reported that in sika deer fed with alfalfa hay ad libitum, crude fiber and nitrogen-free extract were more digestible in summer, whereas CP and ether extract were more digestible during autumn and winter than in spring and summer. Odajima *et al.* (1991) reported that in sika deer given restricted access to alfalfa, DM, NDF and ADF were more digestible in summer than in winter.

表 3 には，夏季，秋季，冬季，春季それぞれの乾物（DM），有機物（OM），粗タンパク質（CP），NDF，ADF の見かけの消化率を示した．有機物と NDF，ADF の消化率は，季節間で有意な差が認められ，夏，秋よりも冬と春に高かった（$P<0.05$, $P<$

0.01, $P<0.01$). 乾物消化率には季節で異なる傾向にあった（$P<0.1$). 粗タンパク質消化率は, 冬に高かったが有意差はなかった.

アルファルファ乾草を給与したアカシカの乾物消化率は, 制限給餌条件の夏季よりも自由採食条件の冬季の方が高かった（Freudenberger *et al.* 1994). 同様にチモシーサイレージを自由採食したトナカイの乾物, セルロース, ヘミセルロースは, 夏よりも冬の方が消化した（Aagnes *et al.* 1996). われわれの観察はそれらの報告と一致した. しかし, 池田（2000）はアルファルファ乾草を自由採食させたシカにおいて, 粗繊維と可溶性無窒素物は夏季に消化が向上し, 粗タンパク質と粗脂肪は, 春, 夏よりも秋と冬に消化が向上したと報告した. 小田島ら（1991）はアルファルファを制限給餌したシカは, 乾物, NDF, ADF について, 冬よりも夏に消化性が向上したと報告している.

▶キーワード

・dry matter: 乾物. 略称は DM. 試料から水分（moisture）含量を差し引いた残りの固形分を示す. 有機物と無機物をあわせた実際の栄養素にあたる画分である.

・organic matter: 有機物. 略称は OM. 乾物からさらに粗灰分（crude ash）を差し引いた画分である. 下記の粗タンパク質および粗脂肪（ether extract, crude fat), 炭水化物から構成される.

・crude protein: 粗タンパク質. 略称は CP.

・Timothy silage: チモシーサイレージ. イネ科牧草であるチモシー（日本名オオアワガエリ）をサイレージとして発酵調製した飼料のこと.

・crude fiber and nitrogen-free extract: 粗繊維と可溶性無窒素物. 粗繊維は飼料を酸とアルカリで煮沸処理した残渣であり, 飼料全体を 100% として, 水分, 粗タンパク質, 粗脂肪, 粗繊維, 粗灰分を差し引いた残りの画分を可溶性無窒素物（略称 NFE）としている. 現在は粗繊維の代わりに前述の NDF を, そして上記の計算で粗繊維の代わりに NDF を差し引いた残りの画分を非繊維性炭水化物（non-fibrous carbohydrate, NFC）として表現することが多く, 非構造性炭水化物（non-structural carbohydrate, NSC）と表記する場合もある. ただし, 日本国内では飼料の販売規格にかかわる法律上の問題から, 依然として粗繊維および NFE は畜産現場で使用されている. そのため, 特にブタやニワトリの論文の場合, NDF の分析値

を示していたとしても粗繊維の分析値をもレフェリーから要求されることがある.

Table 4 shows the rumen variables before and at 2 and 5 h after feeding. Differences among sampling times were detected for the concentration of total VFA and the molar percentage of isovaleric acid ($P<0.05$). The concentrations of total VFA and ammonia-N were the highest at 2 h after feeding, indicating that microbial fermentation in the rumen was most active at this time. This diurnal fluctuation pattern in rumen variables of sika deer was similar to previous reports in cattle (Bayaru *et al.* 2001; Lila *et al.* 2004; Ozutsumi *et al.* 2005).

表4には飼料給与の直前，2時間後，5時間後のルーメン状況を示した．採材時間帯の違いによって，総VFA濃度とイソ吉草酸のモル濃度には差が検出された（$P<0.05$）．総VFA濃度とアンモニア態窒素濃度は，飼料給与の2時間後に最も高く，このときにルーメン内の微生物発酵が最も活発だったことが示唆された．このシカのルーメン内発酵の日内変化パターンは，ウシで似たような報告がある（Bayaru *et al.* 2001; Lila *et al.* 2004; Ozutsumi *et al.* 2005）．

▶キーワード
- rumen variables： ルーメン内の変化.
- isovaleric acid： イソ吉草酸（イソバレリアン酸）．炭素数が5つの揮発性脂肪酸（VFA）である吉草酸の異性体である.
- diurnal fluctuation pattern： 日内変動パターン.

The pH value significantly changed among the seasons ($P<0.01$), being lowest in autumn. Ikeda (2000) reported that the ruminal pH value in sika deer fed with diverse diets based on green forage, alfalfa hay cubes, grass hay or grass silage ranged from 5.7 to 7.6. The results of the present study agreed with these findings.

ルーメン内容液のpHは季節によって変化し（$P<0.01$），秋に最も低かった．池田(2000)は，青刈り牧草とアルファルファヘイキューブ，イネ科乾草もしくはグラスサイレージを主体とした多様な飼料を給与したシカのルーメン内pHは5.7から7.6

8.4 Results and Discussion

の範囲であると報告している．本研究の結果はこの結果と一致する．

▶キーワード
・green forage： 青刈り牧草．"fresh forage"ともいう．"forage"は茎葉部を食する飼料のことを指し，繊維質の多い飼料である粗飼料（roughage）である．粗飼料に比べて栄養価の高い穀類や油粕類などは，濃厚飼料（concentrate）という．
・grass hay： イネ科乾草．"grass"はイネ科牧草を指す．
・grass silage： グラスサイレージ．

The number of protozoa significantly changed among the seasons ($P < 0.01$), being higher in autumn than in winter and spring, and intermediate in summer. *Entodinium* spp. comprised over 90 percent of the total protozoal population in each season, the remainder being *Diploplastron* sp., which accounted for 0.7-5.6 percent. The changes in the number of protozoa indicate that the microbial flora in the rumen might also have changed. Because ruminal passage rates and digestibility are affected by seasonal differences in the composition of rumen microbes, the number and species seasonal composition of rumen microbes including protozoa, bacteria and fungi should be determined.

プロトゾア数は季節間の差が認められ（$P<0.01$），冬と春よりも秋に多く，夏はその中間の値を示した．エントディニウム属は，いずれの季節でも総プロトゾア数の90％以上を占めており，残りはディプロプラストロンで0.7〜5.6％を占めた．プロトゾア数の変化はルーメン内の微生物叢が変化していることを示唆している．ルーメン内通過速度と消化率はルーメン内の微生物構成の季節変動による影響を受けるため，ルーメン微生物（プロトゾア，バクテリア，真菌）の数と種類の季節間差を調べる必要がある．

▶キーワード
・the number of protozoa： プロトゾア数．ルーメン内容液中のプロトゾアを固定，染色して血球計算盤上でカウントしたものである．
・*Entodinium* spp.： エントディニウム．ルーメン内に生息するプロトゾアの中で最も普通に見られ，個体数の多い属である．

・*Diploplastron* spp.： ディプロプラストロン．この種はプロトゾアのなかでも大型の貧毛類（**Ophryoscolecids**）に属するが，大型の貧毛類はルーメン内の環境変化，特に低 pH に弱く，最初に姿を消すため，ルーメン内生態系の多様性を表す指標の１つとなる．

・**passage rate**： （消化管内）通過速度．摂取された飼料が消化管内を通過していく速さを示す．

The concentration of total VFA was not seasonally affected. However, the molar percentages of propionic acid and butyric acid significantly changed according to season ($P<0.05$ and $P<0.01$, respectively). The ratio of acetic to propionic acid tended to change among the seasons ($P<0.1$). The molar percentages of minor VFA were not seasonally affected. The total VFA concentration in reindeer fed with Timothy silage ad libitum is higher in winter than in summer (Aagnes *et al.* 1996). On the other hand, this value in red deer was higher in summer under restricted feeding than in winter under ad libitum feeding (Freudenberger *et al.* 1994).

総 VFA 濃度には季節間の変動は認められなかった．しかしプロピオン酸と酪酸のモル濃度には季節間差が認められた（$P<0.05$ and $P<0.01$, respectively）．酢酸／プロピオン酸比（AP 比）にも季節変動の傾向が認められた（$P<0.1$）．マイナー VFA では認められなかった．チモシーサイレージを自由採食したトナカイの総 VFA 濃度は，夏季よりも冬季に高かった（Aagnes *et al.* 1996）．一方，アカシカの場合には，自由採食条件の冬季よりも制限給餌条件であった夏季に高かった（Freudenberger *et al.* 1994）．

▶キーワード

・**propionic acid**： プロピオン酸．

・**butyric acid**： 酪酸．

・**ratio of acetic to propionic acid**： 酢酸／プロピオン酸比．略称は A/P 比といい，ルーメン内の酢酸とプロピオン酸の比率でルーメン発酵の状況がおおよそ推定可能である．

・**minor VFA**： マイナー VFA．ここでは，吉草酸，カプロン酸を示す．

In conclusion, we clarified that seasonal changes in digestive functions such as passage rates and digestibility among sika deer are directly affected by various environmental factors, perhaps including day length and temperature. In addition, digestibility was higher in winter and spring than in summer and autumn, indicating that winter and spring were critical seasons for the survival of sika deer. When food availability is minimal during winter, increased fiber digestion might provide deer with more energy from low quality food, thus ensuring their survival. Further studies of seasonal changes in rumen motility, rumination and rumen microbes including protozoa, bacteria and fungi in sika deer under feeding at winter VFI levels might deepen our understanding of the feeding strategies of these animals during seasonal variations in food availability.

　結論としてわれわれは，シカの消化管内の通過速度や消化率のような消化機能の季節変動が，日長や気温を含む様々な外部要因によって直接的に影響される事を明らかにした．さらに，消化率は夏季，秋季よりも冬季と春季に高く，これは冬と春はシカの生存にとって危機的な季節であることを示している．シカは食物利用可能量の最も少ない冬季には，生きのびるために低質の食物からより多くのエネルギーを獲得する必要があるため，繊維の消化能力を向上させていることがわかった．冬季の自由採食量の水準で飼料給与したシカのルーメンの運動性，反芻，ルーメン微生物叢（プロトゾア，バクテリア，真菌）の季節変動についてさらに研究することで，食物利用可能量が季節変動するこれらの動物の採食戦略への理解が深まるであろう．

▶キーワード
・food availability：　食物利用可能量．
・fiber digestion：　植物繊維の消化．
・rumen motility：　ルーメンの運動性．
・feeding strategies：　採食戦略．

8.5　主要ジャーナル

　当該分野は対象ジャーナルが非常に多く，農学のみならず，食品学，微生物学，医学などの分野にまたがっているため，畜産学全体をカバーするジャーナ

ルと，今回の引用論文の分野である飼養学と飼料学の関係ジャーナルのみ紹介する．

・畜産学全体をカバーするジャーナル

Animal Production Science
Animal Science Journal
Asian-Australasian Journal of Animal Science
Canadian Journal of Animal Science
Journal of Animal Science
Journal of Dairy Science
Livestock production Science
Poultry Science

・飼養学と飼料学の関係ジャーナル

Animal Feed Science and Technology
British Journal of Nutrition
Grassland Science
Journal of Animal Physiology and Animal Nutrition

［佐伯真魚・浅野早苗］

第9章
水産学分野における科学論文ライティングの実際

　生物実験を主体とする科学論文は，どの分野においても，執筆するうえで決まりごとは変わらないといわれる．しかし，著者の私見では，水産分野内を見ても生化学と生物分野では書き方が異なる面があり，生物分野の中でも真理解明，技術確立，調査報告など，目的・方向性の違いにより，重視すべきポイントに差異があるように思う．

　そこで本章では，水産の養殖分野における技術確立を主体とした論文をもとに解説を行う．選択した論文は，ニッコウイワナと呼ばれるイワナ（Japanese char）の日本固有亜種の稚魚に認められ，一度発生すると大量死を引き起こす水腫症（edema diseases）と呼ばれる魚病の治療・予防対策についてまとめたものである（Ishikawa, T. *et al.*（2012）. Curative and Preventive Measures for Edema in Juvenile Japanese Char *Salvelinus leucomaenis*. *Fish Pathology*, **47**, 91-96）．

9.1　Abstract

　真理解明を目的とした論文のAbstractでは，得られた結果から導き出された結論が強調されるように書くのがセオリーである．一方，技術確立を目的とした論文では，シンプルに得られた良好な結果を強調した形でまとめた方が理解されやすいだろう．なお，本章で紹介する論文のAbstractは下記のような2部構成となっている．

　①確認された水腫症の症状は過去の報告と同一であった．
　②①を対象に3つの治療予防法を検討し，2つの方法で有効性を確認した．
ここでは，本論文の主要成果である②の内容を示す．

We conducted three experiments to investigate curative and preventive measures for EJJC: a bath treatment with 1.0% salt water for a curative effect in the early stage of the disease, supplementation of ascorbic acid to the commercial diet (10,000 mg/kg diet) for prevention of the disease, and the supplementation of ascorbic acid along with increased water flow to improve the water quality also for the disease prevention. Results confirmed the curative effect of a 1.0% salt water bath treatment on the early stage of an EJJC outbreak, and the preventive effect on the dietary supplement of ascorbic acid with increasing water quantity before an outbreak.

われわれは，水腫症の治療および予防対策として，1.0％塩水浴による発症早期の治療，高濃度アスコルビン酸（10,000 mg/kg 飼料）添加市販飼料の給餌による予防，および同添加飼料の給餌および注水量増加による水質改善の組合せによる予防，の3実験を行った．結果として，水腫症の発症直後からの 1.0％塩水浴，および発症前の水質改善と高濃度アスコルビン酸添加飼料給餌の組合せにおいて，明瞭な治療および予防効果を確認した．

▶解　説
・技術確立を主体とする研究では，ポジティブな結果でもネガティブな結果でも重要な技術情報となる場合がある（確立した技術が適用できる範囲を正確に示すことになる）．これを文章にしようとすると，複数の類似した方法や結果を並べて記載していかなければならない．Abstract のように定められた単語数で複数の実施内容を示す必要がある場合は，コロンやセミコロンを用いるとよい（3.1，3.3 節参照）．
・パラグラフ末の "Results confirmed the curative effect of ～" という文では，confirm（確認する）という動詞を能動態で使用することで，結果（成果）を強調している．
▶キーワード
・EJJC：　イワナの稚魚で認められる水腫症（Edema disease in juvenile Japanese char *Salvelinus leucomaenis*）の略称．語呂のよい一部の単語の頭文字をとり，著者らが EJJC という略字を設定した．このように，長文になるのを避けるため，複数の単語により構成される主要な名詞節は略

字を設定してよい（ascorbic acid（AsA）や salt water bath（SWB）も同様）．なお水腫症は日本以外で報告がなく，正式な英名も定まっていなかったことから，いわゆる英名表記およびその略字を学術分野へ提案した形にもなっている．

9.2　Introduction

　Introduction は，なぜこの研究を実施したか，なぜこの技術を必要と考えるに至ったか，といった「なぜ」を表現する箇所であり，書き方によって論文の価値も左右されるといっても過言ではない．title とともに，論文の方向性を示すだけでなく，論文の価値（新規性・独創性・必要性）を表現する箇所であり，いわゆるレベルの高い雑誌の掲載を目指そうとするほど，Introduction を書く力を鍛えなくてはならない．

　Introduction の展開には様々なパターンが見られるが，技術を主体とする論文ではシンプルに「起承転結」による文章構成を基本にすべきであろう．本論文の Introduction は，内容的に下記のような2部構成となっているが，「起承転結」別に見ると，①に「起」，②が「承転結」として構成されている．
①水腫症についての説明（水腫症の特徴と被害低減に取り組む必要性）
②過去の水腫症対策と本研究の取組み（過去の方法の問題点・本研究の特徴）

　Edema disease in juvenile Japanese char *Salvelinus leucomaenis*（EJJC）is a syndrome with clinical signs that include ascites, edema in the eye, craniofacial abnormalities, hemorrhage, and mortality early in the juvenile. The etiology of EJJC is unknown. The disease is seldom observed in other salmonid fishes, although the disease has been reported in the rainbow trout *Oncorhynchus mykiss* and masu salmon *Oncorhynchus masou masou* in Japan（Kasai *et al.*, 1991）．

　イワナ稚魚における水腫症（EJJC）は，稚魚が腹水，眼球突出，頭蓋顔面奇形，出血などの症状を示し，大量死する症候群である．水腫症の病因は不明である．本病は日本のニジマスやサクラマスで報告されているが，ほかのサケ科魚類では稀に

しか観察されていない (Kasai *et al*., 1991).

> ▶解　説
> ・まず「起」として水腫症の症状や発生状況を説明し，一度発生すると大量死を招くため，水腫症対策が必要であることを説明している．
> ・Introduction では，いずれの分野・方向性の論文であっても，執筆論文の背景となった既報は必ず示さなければならない．水腫症の場合，ネット情報や水産試験場報告といった紀要報告は複数あったものの，学術論文としては Kasai *et al*. (1991) の報告しかなく，本病の研究の進展状況を示すものともなっている．
> ・"*Oncorhynchus masou masou*" のように，これまで亜種が登録されてこなかった種で新規の亜種が登録された場合，もとになっている種名を繰り返すことで，亜種名を示す形をとる．

　　They also reported that…, and that the continuous treatment for 8 days was effective in curing the edema disease. However, the curative effect was not consistent (Kasai *et al*., 1991). In practice, the curative measure may be not able to implement in the early stage when EJJC appears suddenly.

　彼らはまた…そして 8 日間にわたるその連続処置は，水腫症の治療に有効であったことを報告した．しかし，その治療効果には再現性がみられなかった (Kasai *et al*., 1991)．実際に，この治療対策は，水腫症が突然発生した場合では早期に処置ができないかもしれない．

> ▶解　説
> ・次に「承」として，塩水浴の水腫症に対する有効性が報告されていたことを説明している（上記の英文では一部省略）．
> ・一方で，Kasai *et al*. の論文では，塩水浴の有効性に再現性がない場合があるという問題点も指摘されていたことを示し，さらに水腫症の発生に気が付くのが遅れた場合の問題も記述した．この問題点を説明している個所が，本論文における「転」に該当する．このような「転」を示す書き出しでは，however などの反意的な接続副詞（2.6.2 項参照）がよく用いられる．

In this study, we aimed to establish the effective curative and preventive measures for EJJC. To test the efficacy of the salt water bathing reported by Kasai *et al.* (1991), we started the treatment immediately after the clinical signs of EJJC were first observed. Moreover, we evaluated the preventive effect of the supplementation of ascorbic acid (AsA) at a high concentration and the improvement of water quality before an EJJC outbreak.

本研究において，われわれは水腫症の治療および予防対策を確立することを目的とした．われわれは，まず Kasai et al. (1991) によって報告された塩水浴の有効性を確認するため，水腫症の症状確認直後にその処置を実施した．さらに，水腫症の発症前の高濃度の AsA 投与や水質改善の予防効果を検討した．

▶解　説
・上記の「転」およびその後に続く「結」が，論文の特徴（新規性・独創性）を表現するうえで重要となる．本論文の「結」にあたるこのパラグラフでは，「転」で挙げた塩水浴の再現性問題については塩水浴の実施時期，突然の水腫症の発症に対する対応には高濃度のアスコルビン酸投与や水質改善による予防対策を，着目点として示した．
・上記のような「転」～「結」における問題提起や，その提起に対する研究の取組みや着目点が評価されると，論文の掲載に近付く．研究・実験をこれから開始しようという場合，この「転」～「結」で示される問題点やその対応法を考えながら研究・実験プランを練るとよい．

9.3　Materials and Methods

材料および方法は，どの学術論文でも追試（再現性確認）ができるように記載することが強く求められる．特に，哺乳類に比べ進化的に下位のグループに相当する魚類は，マウスなどに比べ個体差や飼育系ごとのロット差が大きいため，詳細な飼育情報を記載すべきである．ここでは，飼育実験に関わる情報提示例について表を含む3例を示す．

Juvenile Japanese char (*S. leucomaenis pluvius*, Kinu River strain; F8) reared in the Tochigi Prefectural Fisheries Experimental Station were used for the present study.

栃木県水産試験場で飼育されていたニッコウイワナの稚魚（衣川株；8代目）を本研究で用いた．

▶解　説
・Experimental fish（実験魚）の項の1文を示している．
▶キーワード
・Kinu River strain; F8：　衣川株；8代目．情報管理の様式・項目が定まっていない魚類では，著者自身が由来などの情報を集め示さなければならない．

　　Three experiments were conducted concurrently (designated Expts. 1, 2, and 3) for 13 days. The experimental designs are summarized in Table 1. In each experiment, juvenile fish with the initial body weight of approximately 1.0 g were randomly selected from the rearing aquarium and transferred into two 25 L experimental aquaria at the density of 300 fish per aquarium. No abnormal signs were observed in the fish at the start of the experiments. All experimental aquaria were supplied with running river water (13.0 ± 1.0℃, 1.0 L/min) sterilized by 0.01 ppm ozone oxidation (SGA-01A-PSA8, PSA ozonizer, Sumitomo Precision Products). Dead fish were counted every day during the experimental period of 13 days. The experiments were carried out under the natural photoperiod. The experimental fish were fed on the commercial marine fish starter diet for 4 times (9:00AM, 11:00AM, 13:00PM, and 15:00PM) at a feeding rate of 3.0% body weight per day. In Expts. 2 and 3, 10 fish were randomly collected from each aquaria 6 days after transfer to the experimental aquaria, and the whole lateral muscle that was removed from the fish body with tweezers and scissors were pooled and then stored at -80℃ for analysis of AsA content.

　3実験を13日間同時に行った（実験1，2および3として設定した）．実験設定は，表1（本書 p. 168）に示す．実験ごとに，約1gの魚体重の稚魚を飼育水槽から無作為に選択し，1水槽につき300尾となるように2つの25L実験水槽に移した．実験

開始時に異常の症状を示す個体は観察されなかった．全水槽は，0.01 ppm のオゾン処理（PSA オゾン発生装置，住友精密工業製）によって滅菌された河川水（水温 13.0 ± 1.0℃，注水量 1.0 L/min）を供給した．死亡魚は 13 日間毎日計数した．実験は自然日長下で実施した．実験魚は毎日魚体重の 3% の割合で 4 回（9，11，13，15 時）に市販の海産稚魚用の餌を与えた．実験 2 および 3 では，実験水槽に移した 6 日後，各水槽から無作為に 10 尾取り上げ，ピンセットやハサミを用いて魚体から体側部全体の筋肉を切り出し，アスコルビン酸量の測定のためにまとめて −80℃ で保存した．

▶ 解 説

・Experimental procedure の項の一部を示す．実施した 3 実験に共通した飼育手順の詳細を記載している．

・複数の類似した飼育実験を記載する場合，**Expt. 1, 2, 3,** …といった形で名称を付けると，読み手にわかりやすく，以後の記述も楽になる．

・飼育試験において記載すべき情報として，水槽サイズ，飼育密度（1 水槽当りの飼育尾数），飼育時の異常・死亡魚の出現状況（魚類では飼育時に原因不明で死亡することが多い），注水量，飼育水の処理（今回はオゾン殺菌），照明設定（今回は自然日長），給餌回数・時間帯，給餌量（魚類の場合，魚体重当りの % で示すことが多い）などがある．

・"**the whole lateral muscle that was removed from the fish body with tweezers and scissors**" は，実験 2 および 3 におけるアスコルビン酸投与状況を確認するため，筋肉中に含まれるアスコルビン酸含量を測定したことを示す文の一部である．初稿では **muscle** としか記載していなかったが，校閲者の指摘に伴い，実際に実施したピンセットやハサミを用いて（**with tweezers and scissors**），体側部の筋肉全体（**whole lateral muscle**）を採取した，という表現に変更した．このような細かい記述まで求めない学術誌も多いが，飼育管理に技術が必要な生物を対象とした場合や，産業への技術貢献を目指した論文では，結果の再現性を高めるため，上記のような詳細な情報提示を大切にすべきである．

▶ 重要表現

・**randomly**：　無作為に．数千から数万尾の育成個体から実験魚を選択するためには，「無作為」である必要がある．

Table 1. Experimental designs

Experiments	Groups	Numbers of fish	Water supply (L/min)	AsA concentrations in muscle (mg/g)*	Dietary contents of AsA (mg/kg diet)**	1.0%(w/v) salt water bath treatment (for 3 hours/day)
Expt. 1	Control I	300	1.0	NM	8,857	No treatment
	SWB	300	1.0			Daily for 3 days after EJJC causing
Expt. 2	Control II	300	1.0	0.146	8,857	No treatment
	AsA I	300	1.0	0.209	18,845	
Expt. 3	Control III	300	2.0	0.133	8,857	No treatment
	AsA II	300	2.0	0.192	18,845	

NM: Not measured.
SWB: treated with salt water bath.
AsA: fed on the diet supplemented with AsA.
* AsA concentrations in muscle were analyzed after AsA oral administration for 6 days.
** Commercial marine fish starter diet (Otohime series, Marubeni Nisshin Feed Co., Ltd., Japan).

▶解　説

・Experimental designs（実験設定）で挙げた表を示した．常法ではない実験設定を校閲者などの読み手に正確に理解してもらうためには工夫が必要であり，本論文では表を用いて3飼育実験の設定を示した．このような表を利用すると，本文と重複する内容もあるが，結果の一部なども含めることができ，著者が設定した実験の内容や状況を読み手に正確に判断してもらいやすくすることができる．

9.4　Results

Results は，文章と図表を組み合わせて表記していくべきである．本論文では，水腫症に対する塩水浴やアスコルビン酸投与の有効性について，下記のような文章と累積死亡率の図（p.169．キャプションは p.170）により示した．

As shown in Fig. 2, the SWB treatment markedly reduced the mortality of the fish in Expt. 1. Although AsA supplement to the diet alone did not significantly alter the mortality in Expt. 2, AsA supplement significantly reduced the mortality in the increased water flow in Expt. 3. The number of juvenile fish showing typical signs of EJJC was decreased by SWB treatment and AsA supplement in the increased water flow compared with each Control group.

　図2に示すように，塩水浴処置により，実験1における魚体の死亡率は著しく減少した．また実験2のアスコルビン酸添加では有意な死亡率の変化はなかったものの，実験3におけるアスコルビン酸添加および注水量増加の組合せでは有意な減少が認められた．また，塩水浴や注水量を増加させたアスコルビン酸添加区では，典型的な水腫症の症状を示す個体数は対照区と比べ減少していた．

▶解　説

・水腫症に対する塩水浴による治療効果やアスコルビン酸添加に伴う予防効果については，対照区との比較でその有効性を示している．

・実験区と対照区を比較した表現は，多くの科学論文において結果（成果）を示す基本となっている．また生物系の論文では，統計処理で実験区間の

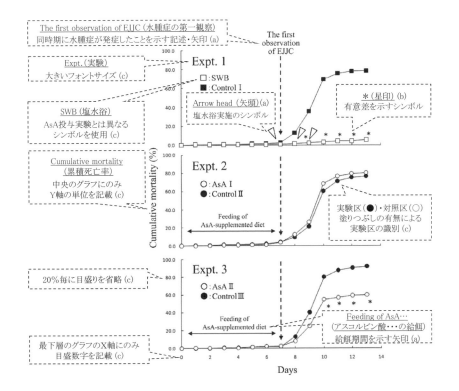

有意差を検定することにより，その差の精度を示すことが求められる．本論文では，実験1の方は明瞭な差異があったため markedly reduced（著しく減少した）という表現を使用したのに対し，実験3の方は実験1ほどの差が見られなかったため significantly reduced（有意に減少した）とした．
▶重要表現
・as shown in Fig. 2： 図2で示すように．文の内容がどの図表に該当するか，示す必要がある．

Fig. 2　Changes in cumulative mortalities in the three experiments: the effect of salt water bath treatment in the early stage of EJJC (Expt. 1), the effect of the dietary supplement of a high-concentration (10,000 mg/kg diet) of AsA (Expt. 2), and the effect of the AsA supplement under an increased water flow (Expt. 3). Arrowheads indicate the time points when the 1.0% salt water bath treatments (3 hours/day) were carried out in Expt. 1. *: Significantly different from the corresponding control groups ($p<0.01$).

図2　3実験（実験1: 水腫症初期の塩水浴効果，実験2: アスコルビン酸の高濃度添加効果，実験3: 水質改善下の高濃度添加効果）における累積死亡率の変化．矢頭は，実験1の中で1.0%塩水浴を実施した時点を示す．*：対応する対照区との間で認められた有意差（危険率＜0.01）．

▶解　説
・科学論文の図表は，論文本文の記載をサポートするものであり，英語が苦手な方ほど，取り組んでいる研究のポイントを押さえたわかりやすい図表を作成すべきである（図表を見れば何を実施し，どのような成果が得られたのかわかるものが理想）．
・Fig. 2 の結果を解釈するうえで最も重要なポイントを図内に3つに示している（a）．まず，水腫症の発生確認時期を "The first observation of EJJC" の表記と矢印で，塩水浴の実施時期を複数の "arrowhead" で，アスコルビン酸の投与時期を "Feeding of AsA…" の表記と矢印で提示した．なお，arrowhead のように何かを指し示すシンボルを記載した場合は，図のキャ

プションで "Arrowheads indicate…" といった形でその示す対象を説明しなくてはならない．

・統計処理に基づき結果を解釈している場合は，その箇所を＊などのシンボルで示すことが求められる (b)．また，title で "Significantly different from…" といった表現で何と比較して有意差が求められたのか記載する必要がある．

・そのほか，見やすくするために行った工夫は (c) として図に示した．また，関連する本文や表 (Table 1) とのつながりを理解しやすくするため，本文や表で使われていた主要単語（例：Expt., Cumulative mortality, AsA, SWB など）を図にも記載した．

9.5 Discussion

Discussion の執筆における基本的注意事項としては，「誰の考えなのかわかるように記載する（著者 or 他人）」，「推測の推測にならないようにする（推測に基づいた推測はしてはならない）」の2点がある．また，技術を中心とした論文の考察では，技術の関連情報のみでなく，技術の利用側の情報も示すとよい．本論文の考察でも，技術の利用側として養殖現場，技術関連情報として塩水浴のメカニズムや水腫症に対する塩水浴の使用ポイントを基本項目として，下記のように話を展開している．

EJJC has been known as a serious disease with a high mortality in fish farms of Japanese char (particularly in the juvenile stage) for a long time. To control EJJC, many fish farmers have been employing the salt water bathing described by Kasai *et al.* (1991). This treatment is thought to compensate the impaired osmoregulatary function of diseased fish (Kasai *et al.*, 1991), although Kasai *et al.* (1991) reported that the salt water bathing was not always effective. In the present study, we started the salt water bathing within 1 hour after the clinical signs of the disease was first noticed, and repeated the treatment daily for 3 days in total. As a result, we confirmed the highly curative effect of this treatment on EJJC.

The salt water bath treatment in the early stage of the disease was also effective in the next year when EJJC occurred in the same facility (data not shown). Although the mechanism of action of the salt water bathing is unknown, prompt treatment on the appearance of the disease seems important.

　水腫症は，長い間イワナ（特に稚魚期において）の養殖場において高い死病率を有する深刻な病気として知られてきた．水腫症を制御するため，多くの養殖業者はKasai *et al.*（1991）によって報告された塩水浴を実施してきた．Kasai *et al.* は塩水浴が常に効果的ではないことを報告しているが，同法は罹病した魚体の乱れた浸透圧機能を補うものと考えられている．本研究において，われわれは病気の症状を確認してから1時間以内に塩水浴を開始し，計3日間，毎日同処置を繰り返した．結果として水腫症に関して同処置が高い治療効果があることを確認した．また，発症の初期段階における塩水浴は，同施設において翌年発生した水腫症においても有効であった．塩水浴の作用メカニズムについてはいまだ明らかではないが，病気発生に対する迅速な処置が重要なようである．

▶解　説

・産業貢献や技術を主体とする論文として，**fish farm**（養殖場）や **fish farmers**（養殖業者）という単語を使用し，イワナの養殖現場における水腫症の深刻な状況を紹介するところから考察を開始している．

・有効な技術についてはその原理の理解が必要であるが，本論文ではその点を明らかにできていないため，"**This treatment is thought to 〜**"（この処置は〜しているものと推測される），"**Although the mechanism of action of the salt water bathing is unknown, …**"（塩水浴の作用メカニズムは不明であるけれども，…）といった曖昧な表現でとどめている．

・水腫症に対し塩水浴を効果的に使うポイントを，発症早期（**within 1 hour after the clinical signs of the disease**）や迅速（**prompt**）といった言葉で示している．

9.6 補　　足

a. Title

titleでは，本文中の使用頻度が高く，論文の方向性を示す単語（キーワード）をできるだけ使用する．また，近年の掲載科学論文数の飛躍的増加に伴い，titleと図表のみで論文内容が判断されるようになってきていることから，titleを見れば「方向性」や「実験内容」が把握できるような工夫をすべきである．少なくとも，どのような分野や目的の論文であっても学術雑誌に投稿する場合は，「イワナの水腫症に関する研究」，といったような方向性や内容のはっきりとしないtitleは避けた方がよい．

本章で取り上げた論文では，関連産業や機関に研究の方向性がわかりやすく伝わることを意識し，下記のようなtitleを設定した．

　　Curative and preventive measures for edema in juvenile Japanese char *Salvelinus leucomaenis*
イワナの稚魚で見られる水腫の治療および予防対策

このうち，論文の方向性を示す単語として，curative（治療の），preventive（予防の），measure（対策），edema（水腫）といったものが挙げられる．また，対象生物種も重要な情報となるため，学名 *Salvelinus leucomaenis* とともに，"Japanese char"（イワナ）と記載している．

b. 論文を書き始めるにあたって

最後に，これから英語の論文を書く方や英語が苦手な方が注意すべきことおよび役立つかもしれない情報を下記にまとめた．

①outlineを作る

論文を書き始める前に，論文の内容（ストーリー）や作成する図表を箇条書きにしたoutline（概要）を作成した方がよい．英語が苦手ならばoutlineまでは日本語で作成してもよいが，下記の②以降は英文のみで作成していくべきで

ある．また，指導者がいる場合は，この時点で打合せをしてから②に進んだ方がよいであろう．

②まねるところから始める

outline の内容をもとに，関連論文から表現したい内容が記載された英文を抜粋し，つなぎあわせて文章にしていく．なお，複数の論文を参照すると，同じ意味でも異なる表現の単語が出てくるため，統一する必要がある．文法書をにらみながら書き進める方法もあるが，繰り返しまねを続けてみると，論文執筆をするうえで必要となる情報が把握できるようになり，また自身で英語の文章が作り出せるようになってくる．これは図表でも同じである．

③曖昧にしない

意味が曖昧にしか把握できていない英文・単語を使用して文章を作成してはならない．著者の意図と異なる英文ができてしまう原因の1つとなる．

④チェックする

論文を書きあげたら，Word などのワープロソフトのスペルチェック機能による，誤字や基礎的な文法ミスの確認を必ず実施すべきである．また，文法や表現方法として問題がないか確認したい場合，Google の検索システムを利用する方法がある．すなわち，検討したい文をダブルクオーテーション（" "）で括った後，検索してそのヒット数を見ることにより，チェックすることができる．著者も時折利用するが，以前，自身で書いてみた英文の一部を用いて検索してみたところヒット数が少なかったため，検索先を調べるとすべて日本人が書いた英語だった，ということがあった．

9.7　主要ジャーナル

Fish Pathology, Diseases of Aquatic Organisms
Journal of Fish Diseases
Journal of Aquatic Animal Health（魚病分野）

［間 野 伸 宏］

第10章
論文の投稿

10.1 投稿の準備

　学術雑誌には，海外学術雑誌，国内外学会誌，各大学や研究機関から定期的に刊行される大学紀要や研究機関報告書などがある．どの学術雑誌に投稿するかは，研究成果内容，そして自分の研究成果内容が学術的にどの水準にあるかを判断しつつ，学術雑誌のインパクトファクター（1.5節参照）を考慮して決定する．このインパクトファクターが高い学術雑誌ほど，評価が高いといえる．

　一般に，論文の掲載の難易度は，国内雑誌よりは海外学術雑誌の方が高い．論文の投稿先が決まれば，投稿する学術雑誌の投稿規定に沿って論文を作成しなければならないので，投稿規定は読み飛ばしたりせず丁寧に読まなければならない．どの学術雑誌にも投稿規定（学術雑誌によって異なるが，Guide for authors, Instructions for authors, Author's guide for manuscript preparation, Author guidelines などと記載されている）があり，次のようなことが記載されている．

・論文の掲載分野
・投稿論文の種類
・原著論文の構成と短報，速報の扱い方
・タイトルページの書き方
・Abstract の語数制限
・文章の書式（Text formatting），略語，脚注，謝辞の書き方
・塩基配列のデータやウイルスの学名などの記載法

- References の書き方
- Figure, Table の書き方
- カラー写真の掲載料
- 論文の掲載料
- 原稿の投稿方法
- 論文が受理された後の著作権譲渡の同意に関すること

投稿論文の 1 ページ目には title などが書かれているので，タイトルページ（title page）という．タイトルページには，①title，②authors' names，③institution と address，④corresponding author の e-mail アドレス，電話番号，ファックス番号を記載する．2 ページ目には Abstract のみを記載し，本文（Introduction, Materials and Methods, Results, Discussion, Acknowledgements, References）は 3 ページ目から記載することが多い．また，本文の後にページを改めて "legends of figures" として，図番号（Fig. 1，Fig. 2，…）ごとに，図タイトル，説明（legend）を書く．最後に，もし表があればタイトルおよび説明とともに添付する．

10.2 電子投稿

投稿は，最近では電子投稿（online manuscript submission）の形式をとるジャーナルが多い．本節では，そのやり方や流れ，やりとりなどについて解説する．なお，プリントアウトやデータ CD・DVD などでの投稿も，依然として一部のジャーナルで行われているが，基本的なやりとりについては本節の方法を応用すればよい．

電子投稿は，学術雑誌の投稿規定のウェブサイトにある "online submission site" や "manuscript submission website" といったページからできる．画面の指示に従って操作を行えば，投稿は容易である．

10.2.1 カバーレター

電子投稿に際しては，投稿論文をアピールした「カバーレター（cover letter）」と呼ばれるエディター宛ての手紙を書くことが重要である．カバーレ

ターには，論文の表題と論文の概要，そしてどこに新規性があるのかなどを記載するとよい．

以下に *Virus Research* という学術雑誌のエディターに宛てたカバーレターの例を示す．

　　a.　次のカバーレターには，論文の表題と論文の概要，そしてどこに新規性があるのかが書かれている．

Dear Dr. Hillman,

I append a manuscript entitled "Cotton leaf curl disease in resistant cotton is associated with a single begomovirus that lacks an intact transcriptional activator protein". This describes an analysis of the begomovirus associated with a breakdown of resistance to CLCuD in cotton that occurred in 2003. The work shows that a single virus species, a recombinant derived from two earlier species, is involved. Surprisingly this virus lacks an intact TrAP gene. We show this mutant virus to be present across a wide area and to be experimentally infectious to plants. In addition we show the presence of a recombinant betasatellite but, in contrast to the situation prior to resistance breaking, the apparent absence of an alphasatellite. These results are novel and highlight the rapidity, as well as hinting at mechanism involved, with which begomovirus disease complexes can change under selection pressures such as plant host resistance. I would be grateful if you would consider this manuscript for publication in Virus Research. I look forward to hearing from you in due course.

Rob W. Briddon

Agricultural Biotechnology Division
National Institute for Biotechnology and Genetic Engineering
Faisalabad 38000, Pakistan

Hillman 様（※エディターの名前）

　「抵抗性ワタにおけるワタ葉巻病は転写活性促進タンパク質が欠失しているただ 1 種のベゴモウイルスと関連がある」という表題の投稿論文を添付します．この投稿論文には，2003 年に観察した，ワタの葉巻病抵抗性を打破したベゴモウイルスについて書かれています．この研究は，このウイルスが以前に分離した 2 つのウイルス種由来の組換えウイルス種であるということを示しています．驚いたことにこのウイルスは TrAP 全遺伝子が欠失しています．この変異ウイルスは広い地域に存在し，実験的に植物に感染させることができます．さらに組換えベータサテライトが存在し，抵抗性打破以前の状態とは違ってアルファサテライトは存在しませんでした．これらの結果はその新規性とベゴモウイルス病複合体が植物宿主抵抗性のような選択圧のもとで変化する機構を示唆していると同時に，その変化が速いことを示しています．Virus Research でこの原稿の掲載を考えていただければ幸いです．ことが順調に運んで，審査結果をお聞きするのを楽しみにしています．

Rob W. Briddon

（以下，所属など署名）

▶解　説

・"I append a manuscript entitled 〜" は，カバーレターの書き出しの決まり文句である．

・また，"I would be grateful if you would consider this manuscript for publication in 〜"，"I look forward to hearing from you in due course" は，末文の決まり文句である．あわせて覚えておくと便利である．

▶キーワード

・TrAP：　転写活性を促進するタンパク質（transcriptional activator protein）．ジェミニウイルス（一本鎖 DNA ウイルス）がコードする外被タンパク質遺伝子と核シャトル遺伝子の両プロモーター領域に結合し，転写活性を促進するタンパク質．

・betasatellite：　ベータサテライト．ジェミニウイルスに付随するサテライト（衛星）DNA の一種．

・alphasatellite：　アルファサテライト．ジェミニウイルスに付随するサテライト（衛星）DNA の一種．

・begomovirus disease complexes： ベゴモウイルス病複合体．ベゴモウイルスとベータサテライトとの複合体．

▶重要表現
・append： 添える．
・infectious： 感染性の．
・highlight： 強調する，きわだたせる，目立たせる．
・rapidity： 速いこと，急速，速度．
・hint： 暗示する，それとなくいう．
・in due course： ことが順調に運んで，そのうちに，やがて．

b．次のカバーレターには，投稿論文の表題，著者名が記載され，また投稿論文が未発表であること，二重投稿はしていないこと，発表に関して著者間で合意が得られていることが書かれている．

Dear Editor

The Research paper entitled "Molecular analysis of indigenous tomato-infecting begomoviruses and their association with a distinct species of betasatellite in Philippines" by Sharma *et al.* for publication in Archives of Virology. The work described has not been published previously and that it is not under consideration for publication elsewhere, and that its publication is approved by all authors.

Sincerely yours,

Dr. Sharma P.

Department of Life Science
Graduate School of Agricultural Science
Tohoku University
1-1 Tsutsumidori-Amamiyamachi, Aoba-ku, Sendai,
Miyagi 981-8555, Japan.

エディター殿

　Archives of Virology に掲載を希望する論文の表題は，Sharma *et al.* 著「フィリピンにおけるトマトに感染する，土着のベゴモウイルスとそのウイルスと関係のある新規種ベータサテライトの分子解析」です．この投稿論文は過去にほかの学術雑誌に発表したこともありませんし，今後ほかのジャーナルに再投稿することもいたしません．またこの投稿論文を発表することに対して，すべての著者の承諾を得ています．

敬具

Dr. Sharma P.

（以下，所属と住所）

10.2.2　査読プロセスとエディターとのやりとり

　投稿した論文は，査読という形で，通常2名からなる匿名のレフェリーによって審査を受けることになる（1.4節参照）．レフェリーは投稿論文の内容や形式を審査し，問題点や疑問のある箇所，改善点があれば，エディターを通して e-mail で投稿者に指摘する．レフェリーのコメントには "general comments" と "specific comments" があり，前者は論文全体の総評，後者はページや行などを明記した特定箇所の指摘である．

　査読の結果，次の4通りの判断が下される．

　①受理（Accept）

　②若干の修正後に受理（Accept with minor revisions）

　③大きな修正後に受理（Accept with major revisions）

　④却下（Reject）

　①はいうまでもなく，②・③であれば，エディターとのやりとり（問題点の解決）を重ねることで，最終的にはジャーナルへの掲載が許可されることが多い．一方，④の場合は掲載の見込みがないので，ほかのジャーナルへの投稿や，論文そのものの見直しが必要となる．

　著者が *Archives of Virology* に論文を投稿後，エディターから送られてきた審査結果（accept with minor revisions）の e-mail を次に挙げる．なお，エディターの e-mail には2名のレフェリーのコメント（reviewers' comments）が添付されていたが，今回は省略した．

Dear Professor Ikegami,

Reviewers have now commented on your paper. You will see that they are advising that you revise your manuscript. If you are prepared to undertake the work required, I would be pleased to accept it. You will note that reviewer 1 has made comments on the literature coverage: I recommend in particular that you revise this section of the ms, and please ensure that up-to-date nomenclature for beta-satellites is used, in conformity with current practice.
For your guidance, reviewers' comments are appended below.
If you decide to revise the work, please submit a list of changes or a rebuttal against each point which is being raised when you submit the revised manuscript.
Your revision is due by 14 June 2009.
To submit a revision, go to http://avirol.edmgr.com/ and log in as an Author. You will see a menu item call Submission Needing Revision. You will find your submission record there.

Yours sincerely

Edward Peter Rybicki, PhD
Editor
Archives of Virology

池上教授

　レフェリーはあなたの論文を審査し、論文を修正するよう指摘しています。もしあなたが要求された修正に取りかかるならば、私は喜んであなたの論文を受理します。レフェリー1は（引用）文献の範囲について指摘しました：特にあなたの原稿のこの部分を修正することをお勧めします。そしてベータサテライトの命名法については、最近の慣例に従って最新のものを使用してください．
　あなたの指標のために、2人のレフェリーのコメントを下に添付しました．
　もし原稿を修正されるのであれば、修正原稿を提出する際、掲げられたそれぞれの箇所の指摘に対する変更あるいは反証のリストを一緒に提出してください．
　修正原稿の提出締め切りは2009年6月14日です．

修正原稿を提出するためには，http://avirol.edmgr.com/ に入り，「著者」としてログインし，メニュー項目の「修正を必要としている原稿の投稿」をクリックしてください．そこにはあなたの投稿記録があります．

敬具

Edward Peter Rybicki, PhD
エディター
Archives of Virology

▶キーワード
・nomenclature： 命名法．
▶重要表現
・literature coverage： （引用）文献の範囲．
・revise： 修正する，訂正する．
・ms： manuscript（原稿）の省略形．
・in particular： 特に．
・up-to-date： 最新の情報（事実）を取り入れた．
・ensure： 保障する．that 節で用いられることが多い．
・in conformity with 〜： 〜に従って．
・rebuttal： 反証．

レフェリーのコメントに対しては，誠実な態度で，コメントに対する返答と修正原稿を作成し，再投稿する．再度の査読・審査後，論文が受理されると次のような e-mail が届く．

Dear Professor Ikegami,

I am pleased to tell you that, following a satisfactory revision, your work has now been accepted for publication in Archives of Virology. It was accepted on 26 May 2009.
Lastly, please note that no changes in your work are allowed after online publication.
Thank you for submitting your work to this journal.

With kind regards,

Edward Peter Rybicki, PhD

Editor
Archives of Virology

池上教授

　満足な修正が行われましたので，あなたの論文が Archives of Virology に受理されたことをお知らせします。
　受理日は 2009 年 5 月 26 日です。
　最後に，オンラインで公表された後は内容の変更ができませんので，ご注意ください。
　本誌に投稿してくださったことに感謝します。

敬具

Edward Peter Rybicki, PhD
エディター
Archives of Virology

[池 上 正 人]

演習問題

問題 1　次の英文とその日本語訳を読んで以下の設問に答えよ．

　　Miscanthus streak virus (MiSV) is a geminivirus from Japan (①) causes leaf streak and stunting of *Miscanthus sacchariuflorus* Benth. *et* Hook. (②The, An) insect vector of MiSV (③not, identify). The biological and physical properties of MiSV (④characterize) (Yamashita *et al.*, 1985), but little is known about (⑤a, the) molecular biology of the virus. (⑥The, A) (⑦nucleotide sequences, nucleotide sequence) of the (⑧DNAs, DNA) of several monocotyledonous plant-infecting geminiviruses have been determined.

　　オギ条斑ウイルス (MiSV) は，日本で分離された，オギの葉に条斑症状と萎縮症状を呈するジェミニウイルスである．MiSV の媒介昆虫は見つかっていない．MiSV の生物学的・物理学的性質については今までに研究されている (Yamashita *et al.*, 1985) が，そのウイルスの分子生物学については知られていない．単子葉植物に感染するいくつかのジェミニウイルスの DNA の塩基配列は今までに決定されている．

1.1　①に適当な語を入れなさい．
1.2　②，⑤，⑥，⑦，⑧の( )内から正しい語を選びなさい．
1.3　③は not と identify を用いて正しい形に書き換えなさい．
1.4　④の動詞を正しい形に書き換えなさい．

問題 2　次の英文とその日本語訳を読んで以下の設問に答えよ．

　　A tandem dimer of miscanthus streak virus (MiSV) DNA was inserted (①) the T-DNA of the binary plasmid vector pBIN19 and agroinoculated (②) several monocotyledonous plants (③use) *Agrobacterium tumefaciens*. Disease symptoms and geminate particles were produced in maize and *Panicum milaceum* plants, and MiSV-specific double-stranded and single-stranded (④DNAs were, DNA was) found in these plants. (⑤The, A) nucleotide sequence of the infectious

MiSV clone, consisting (⑥) 2672 nucleotides, was determined.

MiSV DNA のタンデムダイマーがバイナリープラスミドベクター pBIN19 の T-DNA 中に導入され，そしてアグロバクテリウム　ツメファシエンスを用いて複数種の単子葉植物にアグロ接種を行った．病徴や双球粒子がトウモロコシやキビに生み出され，そして MiSV に特異的な二本鎖 DNA と一本鎖 DNA がこれらの植物にみられた．2672 塩基からなる感染性 MiSV クローンの塩基配列が決定された．

2.1 空所①，②，⑥に適当な前置詞を入れなさい．
2.2 ③の動詞を正しい形に書き換えなさい．
2.3 ④，⑤の（ ）内から正しい語あるいは語句を選びなさい．

問題 3 次の英文は論文(iv)の Abstract の冒頭文で，主要な結果を述べている．①の動詞の正しい時制を下の a)～d) から選び，また②の（ ）内の語句を正しく並び替えなさい．

RNA-dependent RNA polymerase activity (①detect) in concentrated extracts of leaf gall tissue from Fiji disease virus (FDV)-infected sugarcane leaves (②in / not / but / similar extracts) from healthy leaf tissue.

RNA 依存 RNA ポリメラーゼ活性が，フィージー・ディジーズ・ウイルス（FDV）感染サトウキビ葉の腫瘍組織の濃縮された抽出液に検出されたが，健全葉組織の同じような抽出液には検出されなかった．

① 　a) detect　b) was detected　c) had been detected　d) have been detected

問題 4 次の英文は，問題 3 の英文の続きで，実験結果の具体的な内容を述べている．①，②，④，⑤の動詞を正しい時制に書き換え，また③の（ ）内の語句を正しく並び替えなさい．

The polymerase activity was correlated with FDV antigen and some polymerase activity (①be) also detected in preparations of FDV subviral particles. Optimal polymerase activity (②occur) at about 35°, at (③between / and / pH / 8.5 / 9.0), and in the presence of 8 mM $MgCl_2$ and 200 mM NH_4Cl. The polymerase product (④be) single-stranded RNA, over 80% of which annealed to FDV-RNA. Similarities of the FDV associated enzyme to those of reovirus and structurally similar viruses (⑤be) discussed.

そのポリメラーゼ活性は FDV 抗原と関連があり，またポリメラーゼ活性は FDV 亜粒子標品中に検出することができた．最適なポリメラーゼ活性は，約 35℃，pH 8.5～9.0，8 mM MgCl$_2$ と 200 mM NH$_4$Cl の存在下でみられた．ポリメラーゼの生産物は一本鎖 RNA で，その 80% 以上は FDV-RNA と分子雑種形成した．レオウイルスや構造的によく似たウイルスの酵素と FDV に関連する酵素との類似点について議論する．

問題 5 次の英文は論文 (iii) の Introduction の締めくくりである．「ここでは，FDV 亜粒子から核酸を単離し，その核酸の特性を明らかにした実験について報告する」という意味になるよう，( ) 内の語句を正しく並び替えなさい．
We (now / in / experiments / report / which) we have isolated and characterized the nucleic acid from preparations of subviral particles of FDV.

問題 6 次の英文は論文 (iii) の Materials and Methods の小見出し "*Polyacrylamide-gel electrophoresis*" の文で，ポリアクリルアミドゲルの作製法，電気泳動法について書かれている．①，③，④の動詞を正しい時制に書き換え，また②の ( ) 内の語句を正しく並び替えなさい．

Polyacrylamide-gel electrophoresis. Nucleic acid preparations (①subject to) electrophoresis in 5% gels prepared from recrystallized acrylamide and bis-acrylamide (Loening, 1967) in (②diameter / 6 mm / plexiglas tubes / in) and 140 mm long (Reddy and Black, 1973). The electrophoresis buffer (0.04 M EDTA, pH 7.6) in each reservoir (300 ml) was changed every 5-6 hr. After electrophoresis at 4 mA/gel at 6°, the gels were rinsed in 0.4 M acetate buffer, pH 4.7, for 15 min, (③stain) in 0.1% toluidine blue O in the same buffer for 30 min and (④destain) in distilled water. The stained gels were scanned in a Joyce-Loebl Chromoscan at 620 nm.

　ポリアクリルアミドゲル電気泳動．直径 6 mm，長さ 140 mm のプレキシガラスチューブ (Reddy and Black, 1973) の中の，再結晶アクリルアミドとビス-アクリルアミドを用いて作製した 5% ゲル (Loening, 1967) 内で核酸を電気泳動にかけた．各々の泳動槽 (300 ml) 内の電気泳動用緩衝液 (0.04 M リン酸ナトリウム，0.015 M トリス，0.002 M EDTA，pH 7.6) は，5～6 時間ごとに交換した．4 mA／ゲル，6℃ で電気泳動後，ゲルは 0.4 M 酢酸緩衝液，pH 4.7 で 15 分間ゆすぎ，続いて同じ緩衝液を用いて作製した 1% トルイジンブルー O で 30 分間染色して，最後に蒸留水で脱色した．

演習問題

染色したゲルは 620 nm で Joyce-Loebl Chromoscan を用いて走査(スキャン)した.

問題 7 次の英文は論文(iii)の Results の小見出し「FDV が二本鎖 RNA をもつ証拠」の文で,FDV 核酸が二本鎖 RNA であるという実験結果について書かれている.以下の英文を読んで,後の設問に答えなさい.

(①*FDV / for / Evidence / ds-RNA / having*)

　　Nucleic acid preparations isolated from FDV particles had ultraviolet spectra with 260/230-nm and 260/280-nm ratios of about 2.2 and 1.8, (②), and gave positive orcinol reactions (Volkin and Cohen, 1954) (③indicate) the presence of ribose. Tests (④) the susceptibility of FDV nucleic acid to pancreatic ribonuclease (RNase) indicate that it is a ds-RNA (Fig.1). When (⑤suspend) in 0.1 × SSC (SSC buffer contained 0.15 M NaCl and 0.015 M sodium citrate, pH 7), the rate of digestion of native FDV-RNA was comparable to that of phage φ6-RNA which is known (⑥) be double-stranded (Semancik *et al.*, 1973). However, after heat denaturation, it was comparable to that of TMV-RNA, a typical ss-RNA (Fig. 1A). (⑦), when suspended in 1 × SSC, both native FDV-RNA and φ6-RNA were highly resistant (⑧) RNase digestion, unlike that of thermally denatured FDV-RNA or TMV-RNA (Fig. 1B).

二本鎖 RNA をもつ FDV の証拠

　FDV 亜粒子から分離された核酸標品は,260/230 nm 比と 260/280 nm 比がそれぞれ約 2.2 と 1.8 の紫外スペクトルをもち,リボースの存在を示す陽性のオルシノール反応 (Volkin and Cohen, 1954) を示した.FDV 核酸が膵臓 RNA 分解酵素 (RNase) に対して感受性であるという試験は,それが二本鎖 RNA であるということを示している (図 1).0.1×SSC (SSC 緩衝液は 0.015 M NaCl と 0.015 M クエン酸ナトリウム,pH 7 を含んでいた) に懸濁したとき,自然のままの(熱変性処理を行っていない)FDV-RNA の消化の割合は,二本鎖として知られているファージ φ6-RNA の割合 (Semancik *et al.*, 1973) に匹敵した.しかし熱変性後,FDV の消化の割合は TMV-RNA,典型的な ss-RNA の割合に匹敵した(図 1A).さらに,1×SSC に懸濁したときには,熱変性した FDV-RNA や TMV-RNA と違って,自然のままの(熱変性処理を行っていない)FDV-RNA や φ6-RNA は RNase 消化に対して高度に抵抗性であった(図 1B).

7.1 ①の( )内の語句を正しく並び替えなさい.

7.2 空所②に入る語を次の a)～c)から選びなさい.

a) each other b) one another c) respectively

7.3 ③, ⑤の動詞を正しい形に書き換えなさい.

7.4 空所⑦に入る語を次のa)〜c)から選びなさい.

a) Therefore b) Furthermore c) However

7.5 空所④, ⑥と⑧に入る語を次のa)〜d)から選びなさい. 同じ前置詞を二度選択してもよい.

a) for b) to c) in d) on

問題8 論文(iv)のDiscussionの1パラグラフである. このパラグラフでは, 本研究で得られた実験結果を, 他のウイルスの先行研究の結果と対比しながら, 結論を導いている. 以下の英文を読んで, 後の設問に答えなさい.

　　The FDV (①transcriptase, transcriptases) differs from (②that, those) of other Reoviridae in (③maintained / it / that / activity / for only 15-20 min at 30°) (Fig.1), (④) enzymes of other Reoviridae have been observed to incorporate labeled nucleoside triphosphates over an hour. With reovirus, such incorporation continued at a constant rate for at least 10 hr (Levin *et al.*, 1970). Unlike some Reoviridae, but like CPV (Lewandowski *et al.*, 1968) and WTV (Black and Knight, 1970), FDV (⑤do, does) not require chymotrypsin or heat treatment to active its polymerase. These treatments appear to remove the outer layer of the virions to expose enzymatically active cores or subviral particles (Shatkin and Sipe, 1968; Banerjee and Shatkin, 1970; Shatkin and Lafiandra, 1972). This exposure of reovirus cores appears to be a reversible reaction and the enzyme activity is masked in the reassembled virions (Astell *et al.*, 1972). FDV requires no activation, probably because the outer layer of its particles is easily lost during extraction from plant tissues; indeed, we have been unable to prevent this loss during purification (Ikegami and Fancki, 1974). (⑥All these, These all) observations point (⑦in, to, on) the conclusion that FDV is very much less stable than most of the other Reoviridae studied.

　　FDVの転写酵素は, 30℃でたった15〜20分間しか活性が維持されないという点で, レオウイルス科に属する他のウイルスの転写酵素と異なる (図1). それに対して, レオウイルス科に属する他のウイルスの酵素は, 標識されたヌクレオシド三リ

演習問題

ン酸を1時間以上取り込むことが観察された．レオウイルスの場合，このような取り込みは一定速度で少なくとも10時間続いた (Levin *et al.*, 1970)．レオウイルス科に属するいくつかのウイルスとは違うが，しかしCPV (Lewandowski *et al.*, 1968) やWTV (Black and Knight, 1970) のように，FDVはポリメラーゼ活性化のためにキモトリプシンや熱処理を必要としない．このような処理は，酵素的に活性のあるコアあるいは亜粒子を露出させるために，粒子の外側の層を除去するようである (Shatkin and Sipe, 1968; Banerjee and Shatkin, 1970; Shatkin and Lafiandra, 1972)．レオウイルスコアの露出は可逆反応で，そして酵素活性は再構築粒子の中で覆い隠されるように思われる (Astell *et al.*, 1972)．FDVはこのような作用を必要としないが，それはおそらく，粒子の外側の層が植物組織からの抽出中にたやすく失われるためである．実際，精製するときに外側の層の消失を防ぐことはできなかった (Ikegami and Fancki, 1974)．以上のようなすべての観察から，FDVは今までに研究されたレオウイルス科に属する他のほとんどのウイルスよりも，非常に不安定であるという結論に達する．

8.1 ①, ②, ⑤, ⑥, ⑦では，(　)内の語のうちから適切なものを選びなさい．

8.2 ③の(　)内の語句を正しく並び替えなさい．

8.3 空所④に適切な語を入れよ．

問題9 次の英文は，問題8の英文の続きである．①〜④の(　)内に適当な語を入れなさい．

(①) the FDV polymerase appears to transcribe FDV-RNA with a high degree of base sequence fidelity (Table 4), it does not (②) to release the transcripts from subviral particles (Fig. 7). The size heterogeneity of the polymerase product may be due (③) to incomplete transcription of the genome segments (④) to activity of endogenous RNase in the gall extracts.

　FDVのポリメラーゼは塩基配列通りにFDV-RNAを転写するように思われる（表4）が，亜粒子から転写物を放出しているようには思われない（図7）．ポリメラーゼ生産物のサイズの不均一性は，ゲノム分節の不完全な転写，あるいは腫瘍の抽出物の中に存在する内因性のRNA分解酵素の活性のいずれかによるものかもしれない．

問題10 次の謝辞の英文とその日本語訳を読んで以下の設問に答えよ．

　A preparation of ^{32}P-labeled CPMV and Rous sarcoma virus RNA (①kindly

/ was / given / by / us / Drs. G. Bruening and P. Duesberg), (②). (③The / gratefully / technical assistance / of / excellent / Lu Wang and Mary Carrano / acknowledged / are). This investigation was (④) by Research Grant PCM 75-07854 from the National Science Foundation.

^{32}P で標識した CPMV とラウス肉腫ウイルス RNA はそれぞれ G. Bruening 博士と P. Duesberg 博士によって親切に提供された．Lu Wang 氏と Mary Carrano 氏の素晴らしい技術補助に対して深く感謝する．この研究はアメリカ国立科学財団からの研究補助金 PCM 75-07854 によって支援された．

10.1 ①，③の( )内の語句を正しく並び替えなさい．

10.2 空所②，④に適切な語を入れよ．

[池上正人]

[演習問題の解答が朝倉書店公式ウェブサイト (http://www.asakura.co.jp) の本書サポートページからダウンロードできます．]

重要表現集

A

about 70 nm in diameter　38
absence of ～　113
accurately　104
act as … against ～　113
(be) adjusted to pH ○　48
administer　136
adopt　59
advantage over ～　106
aerial　127
after 7-day incubation　52
all contain　41
all data presented here　66
all these viruses　41
(be) allowed to ～　59
ameliorate　142
analytical values　99
and/or　88
anneal to ～　12
appear to ～　69
append　179
appropriate　83
as described by ～　52
(be) as follows　59
as shown in Fig. 2　170
(be) associated with ～　28
at a concentration of ～　50
attempt to ～　40

B

behavior　106
benefit　73
but not ～　36
by using ～　38

C

calcd for ～　129
(be) carried out　52
cause　68
caution must be exercised　65
(be) centrifuged at ～ for …　50
characterization　26
compartmentalize　115
concentration　47
concern ourselves with ～　40
conduct the research　145
consist of ～　56
(be) consistent with ～　67
consisting of ～　98
contrast with ～　70
correlate with ～　11
correlation　69
——— coefficient　104
crude　56

D

decrease with ～　103
depending on what the preparation was to be used for　59
design the research　145
determine　53, 64
dialyse against ～　59
disclose　56
(be) dissolved in ～　50
(be) done as described by ～　47

E

effect of ～ on …　83
either ～ or …　47
ellipsoidal　127
employ ～ as …　98
ensure　182
establish　129
et al.　38
evidence for ～　26
(be) examined in ～　47
experience　73
exude　98

F

(the) first report of ～　28
～-fold　101
following　50

G

Grants Office　72
gravimetrically　53
ground-glass　59

H

highlight　179
hint　179
holes 3 mm in diameter and 3.5 mm apart　52
homogeneous　61

I

identify as ～　36
illustrate　66
in common　68
in conformity with ～　182

in conjunction with ～　128
in dispute　88
in due course　179
in particular　182
in proportion to ～　104
in response to ～　66
indicate　79
infect　68
～-infected　38
… infected by ～　27
(be) infected with ～　38
infectious　179
inhabit　111
(be) inoculated into ～　113, 124
integral　69
intensity　61
(be) interesting in ～　65
intra～　65
isolate from ～　36
it has been demonstrated that ～　41
it seems probable that ～　38
it was concluded that ～　57
it would appear that ～　64

L

lead to the conclusion that ～　38
level off　102
literature coverage　182
little attention has been paid to ～　70

M

manuscript　145
measure ～　64
molecular weight　61
monovalent cation　70
ms　182

N

(be) needed for ～　30
negligible　104
not or scarcely formed　127

(a) number of ～　67

O

on treatment with ～　36
(a) one-way traffic from below to above　99
optimal　12
over ～　59

P

paper　145
per se　89
(be) pointed out　65
positive　33
preparation　47
prepare　45
(be) prepared from ～　50
(be) presented in ～　59
pretreat　136
prove　56
pulverize　59
purchase　50
put (serious) limits ～　40

R

randomly　167
range from ～ to …　61
rapidity　179
rebuttal　182
repeated efforts to ～　68
resistance to ～　36
resolution　61
respectively　50
(be) responsible for ～　135
restrictedly　127
result from ～　33
result in　56
reveal　60
reverse　127
revise　182
roughly　60

S

separate into ～　36
several　67

significant　68
significantly　136
(be) similar to ～　38
similarities of ～ to …　12
similarity between ～ and …　68
soil-dwelling　117
(be) stained with ～　48
studies on ～　27
sub～　28
subspheroidal　127
(be) summarized in ～　129
(be) supplied by ～　47
susceptibility to ～　36

T

taken together　143
thereafter　103
these results suggest that ～　117
… times ～ weight of …　50
together with ～　38
tolerate … at levels up to ～　109
(be) transmitted by ～　68
twice more　59
two-dimensional　132

U

unpublished results　40
up-to-date　182

V

velutinous　127
viruses infecting　67

W

warrant　67
with a total molecular weight of ～　36
with reference to ～　27
with some modifications　114
with specificity for ～　38

編著者略歴

池上正人
いけがみ まさと

1947 年　大阪府に生まれる
1975 年　アデレイド大学大学院農学研究科博士課程修了
　　　　　東北大学教授，東京農業大学総合研究所教授などを経て
現　在　東北大学名誉教授
　　　　　Ph. D.

農学・バイオ系
英語論文ライティング　　　　　　　　　　定価はカバーに表示

2015 年 1 月 15 日　初版第 1 刷

編著者	池　上　正　人
発行者	朝　倉　邦　造
発行所	株式会社 朝倉書店

東京都新宿区新小川町 6-29
郵便番号　1 6 2 - 8 7 0 7
電　話　03(3260)0141
ＦＡＸ　03(3260)0180
http://www.asakura.co.jp

〈検印省略〉

Ⓒ 2015〈無断複写・転載を禁ず〉　　中央印刷・渡辺製本

ISBN 978-4-254-40022-9　C 3061　　Printed in Japan

JCOPY　〈(社)出版者著作権管理機構　委託出版物〉

本書の無断複写は著作権法上での例外を除き禁じられています．複写される場合は，そのつど事前に，(社)出版者著作権管理機構（電話 03-3513-6969, FAX 03-3513-6979, e-mail: info@jcopy.or.jp）の許諾を得てください．

東北大 齋藤忠夫編著
農学・生命科学のための 学術情報リテラシー

40021-2 C3061　　B5判 132頁 本体2800円

情報化社会のなか研究者が身につけるべきリテラシーを、初学者向けに丁寧に解説した手引き書。〔内容〕学術文献とは何か／学術情報の入手利用法（インターネットの利用、学術データベース、図書館の活用、等）／学術情報と研究者の倫理／他

核融合科学研 廣岡慶彦著
理科系のための 入門英語論文ライティング

10196-6 C3040　　A5判 128頁 本体2500円

英文法の基礎に立ち返り、「英語嫌いな」学生・研究者が専門誌の投稿論文を執筆するまでになるよう手引き。〔内容〕テクニカルレポートの種類・目的・構成／ライティングの基礎的修辞法／英語ジャーナル投稿論文の書き方／重要表現のまとめ

核融合科学研 廣岡慶彦著
理科系のための 入門英語プレゼンテーション
［CD付改訂版］

10250-5 C3040　　A5判 136頁 本体2600円

著者の体験に基づく豊富な実例を用いてプレゼン英語を初歩から解説する入門編。ネイティブスピーカー音読のCDを付してパワーアップ。〔内容〕予備知識／準備と実践／質疑応答／国際会議出席に関連した英語／付録（予備練習／重要表現他）

核融合科学研 廣岡慶彦著
理科系のための 実戦英語プレゼンテーション
［CD付改訂版］

10265-9 C3040　　A5判 136頁 本体2800円

豊富な実例を駆使してプレゼン英語を解説。質問に答えられないときの切り抜け方など、とっておきのコツも伝授。音読CD付〔内容〕心構え／発表のアウトライン／研究背景・動機の説明／研究方法の説明／結果と考察／質疑応答／重要表現

タイケン学園 柴岡信一郎・城西短大 渋井二三男著
プレゼンテーション概論
―実践と活用のために―

10257-4 C3040　　A5判 164頁 本体2700円

プレゼンテーションの基礎をやさしく解説した教科書。分かりやすい伝え方・見せ方、PowerPointを利用したスライドの作り方など、実践的な内容を重視した構成。大学初年度向。〔内容〕プレゼンテーションの基礎理論／スライドの作り方／他

岡山大 塚本真也・高橋志織著
学生のための プレゼン上達の方法
―トレーニングとビジュアル化―

10261-1 C3040　　A5判 164頁 本体2300円

プレゼンテーションを効果的に行うためのポイント・練習法をたくさんの写真や具体例を用いてわかりやすく解説。〔内容〕話すスピード／アイコンタクト／ジェスチャー／原稿作成／ツール／ビジュアル化・デザインなど

核融合科学研 廣岡慶彦著
理科系のための 状況・レベル別英語コミュニケーション

10189-8 C3040　　A5判 136頁 本体2700円

国際会議や海外で遭遇する諸状況を想定し、円滑な意思疎通に必須の技術・知識を伝授。〔内容〕国際会議・ワークショップ参加申込／物品注文と納期確認／日常会話基礎：大学・研究所での一日／会食でのやりとり／訪問予約電話／重要表現他

核融合科学研 廣岡慶彦著
理科系のための ［学会・留学］英会話テクニック
［CD付］

10263-5 C3040　　A5判 136頁 本体2600円

学会発表や研究留学の様々な場面で役立つ英会話のコツを伝授。〔内容〕国際会議に出席する／学会発表の基礎と質疑応答／会議などで座長を務める／受け入れ機関を初めて訪問する／実験に参加する／講義・セミナーを行う／文献の取り寄せ他

前広大 坂和正敏・名市大 坂和秀晃・南山大 Marc Bremer著
自然・社会科学者のための 英文Eメールの書き方

10258-1 C3040　　A5判 200頁 本体2800円

海外の科学者・研究者との交流を深めるため、礼儀正しく、簡潔かつ正確で読みやすく、短時間で用件を伝える能力を養うためのEメールの実例集である〔内容〕一般文例と表現／依頼と通知／訪問と受け入れ／海外留学／国際会議／学術論文／他

京大 青谷正妥著
英語学習論
―スピーキングと総合力―

10260-4 C3040　　A5判 180頁 本体2300円

応用言語学・脳科学の知見を踏まえ、大人のための英語学習法の理論と実践を解説する。英語学習者・英語教師必読の書。〔内容〕英語運用力の本質と学習戦略／結果を出した学習法／言語の進化と脳科学から見た「話す・聞く」の優位性

上記価格（税別）は2014年12月現在